中国地质大学(武汉)实验教材项目资助
中国地质大学(武汉)实验教材项目(SJC-202407)资助

矿体建模及储量估算实习指导书

KUANGTI JIANMO JI CHULIANG GUSUAN
SHIXI ZHIDAOSHU

石文杰 谭 俊 编著

图书在版编目(CIP)数据

矿体建模及储量估算实习指导书/石文杰,谭俊编著.—武汉:中国地质大学出版社,2024.11.—ISBN 978-7-5625-6042-5

Ⅰ.P624.7

中国国家版本馆 CIP 数据核字第 2024GT1068 号

矿体建模及储量估算实习指导书	石文杰　谭　俊　编著
责任编辑:韦有福　　　选题策划:韦有福	责任校对:徐蕾蕾

出版发行:中国地质大学出版社(武汉市洪山区鲁磨路388号)	邮编:430074
电　　话:(027)67883511　　传　　真:(027)67883580	E-mail:cbb@cug.edu.cn
经　　销:全国新华书店	http://cugp.cug.edu.cn
开本:787mm×1092mm　1/16	字数:141千字　　印张:5.5
版次:2024年11月第1版	印次:2024年11月第1次印刷
印刷:湖北睿智印务有限公司	
ISBN 978-7-5625-6042-5	定价:32.00元

如有印装质量问题请与印刷厂联系调换

前　言

矿产资源是人类赖以生存的物质基础,但目前地表及浅部矿产找矿勘查工作的难度越来越大,世界找矿战略格局从浅部转向深部空间,地学大数据、"玻璃地球"与"深地、深空、深海"等是当前资源能源领域研究的重点。以往矿产资源的勘查思路、理论及技术手段等面临着重大挑战。三维地质建模技术作为日益成熟的一种矿产资源勘查与开发技术手段,可全息态、多方位、多视角且直观精细地展示各类地质体间的空间关系;三维建模技术亦具备超大数据量管理、检索、统计分析、三维图形处理、空间插值与逻辑运算等功能,可快捷完成实体模型建模、三维空间分析、多元数据信息融合及资源量/储量估算等内容,为矿产勘查与评价、矿山设计与规划及采矿设计等提供了技术平台。三维地质建模技术将为深部地质结构透明化、地学信息数字化和智能化应用提供有效支撑。

国家新一轮找矿突破战略行动对矿产资源勘查新型人才的培养提出了新要求。"矿体建模及储量估算"作为我校"双一流"一级学科"地质资源与地质工程"所属的资源勘查工程专业的一门新增特色实践教学课程,也是对国家级精品课程"矿产勘查理论与方法"中地质统计学资源量/储量估算内容的补充与完善。该实习指导书涉及的三维地质建模是矿产资源勘查与计算机技术的高度融合,符合未来地质类专业课程建设发展的新趋势,有助于学科交叉型人才培养。《矿体建模及储量估算实习指导书》注重三维地质建模软件操作方法、三维模型的实现及资源量/储量估算过程。

本实习指导书中三维地质建模工作主要依托 Surpac 软件完成。Surpac 为一款大型矿山工程软件,集地质勘查、三维地质建模、资源量/储量估算、采矿设计、工程测量与验算、生产进度计划编制等功能于一体,是目前国际通用的 JORC 规范下矿产资源量/储量估算报告提交的主要工具之一,也是国际地质师、测量师和采矿工程师常用的专业技术软件。该软件已于 2004 年通过了我国国土资源部(现自然资源部)的认证,其资源量/储量计算报告符合我国矿产勘查规范的要求。

本实习指导书除绪论外另有 7 次上机操作实习,分别为 Surpac 软件基本介绍(实习一)、地质数据库创建及钻孔可视化(实习二)、地质解译及实体模型创建(实习三)、钻孔数据提取及样品组合(实习四)、块体模型创建(实习五)、块体模型赋值(实习六)及资源储量报告(实习七。)

本实习指导书主要由石文杰执笔完成,谭俊、张晓军、刘文浩承担了部分实践教学课程,并对本书内容的编写提供了指导,魏俊浩、李艳军对有关章节内容进行了审阅,并提出了修改意见。北京中矿智信科技有限公司为该课程提供了 Surpac 教学版软件与教学素材,栾忠、黄坤与李海泉等专家对该实习指导书的编写提供了技术性指导与帮助,在此一并表示感谢。

  本实习指导书适用于资源勘查工程及相关专业本科及硕士研究生实践教学,也可供地矿类高校、地勘单位及矿山企业等科研或地质工作人员使用或参考。

  鉴于笔者自身专业学术水平有限,书中难免存在不妥或疏漏之处,恳请批评指正,以便再版时纠正或补充。

笔 者

2024 年 9 月 27 日

目 录

实习一　Surpac 软件基本介绍 ·· (1)
　　一、实习要求 ·· (1)
　　二、实习内容 ·· (2)
　　三、实习作业 ·· (2)

实习二　地质数据库创建及钻孔可视化 ·· (4)
　　一、实习要求 ·· (4)
　　二、实习内容 ·· (4)
　　三、实习作业 ·· (22)
　　四、实习拓展 ·· (22)

实习三　地质解译及实体模型创建 ·· (23)
　　一、实习要求 ·· (23)
　　二、实习内容 ·· (23)
　　三、实习作业 ·· (36)
　　四、实习拓展 ·· (37)

实习四　钻孔数据提取及样品组合 ·· (38)
　　一、实习要求 ·· (38)
　　二、实习内容 ·· (38)
　　三、实习作业 ·· (55)
　　四、实习拓展 ·· (55)

实习五　块体模型创建 ·· (56)
　　一、实习要求 ·· (56)
　　二、实习内容 ·· (56)

三、实习作业 ………………………………………………………… (62)

　　四、实习拓展 ………………………………………………………… (62)

实习六　块体模型赋值 …………………………………………………… (63)

　　一、实习要求 ………………………………………………………… (63)

　　二、实习内容 ………………………………………………………… (63)

　　三、实习作业 ………………………………………………………… (72)

　　四、实习拓展 ………………………………………………………… (72)

实习七　资源储量报告 …………………………………………………… (73)

　　一、实习要求 ………………………………………………………… (73)

　　二、实习内容 ………………………………………………………… (73)

　　三、实习作业 ………………………………………………………… (81)

实习一　Surpac 软件基本介绍

一、实习要求

(一)目的要求

(1)了解 Surpac 软件的操作界面。
(2)了解 Surpac 软件数据类型。
(3)熟悉 Surpac 软件主要模块及功能。
(4)初步掌握 Surpac 软件的基本操作。

(二)实习资料

本次实习资料包含了 Surpac 软件常用的各种数据类型,详见表 1-1 及文件夹"示例数据"。

表 1-1　Surpac 软件常用数据格式及描述

文件类型	例子	描述
线文件	pit1.str	一个线文件中包含一系列三维坐标点以及相应的一些属性
体文件	pit1.dtm	数字地形模型文件(DTM)是由.str 线文件生成的,能够表示面和实体。一个 DTM 面是由一组三角形形成的面,用来表示地表或露天坑。一个实体是由一组三角形形成的空间的体,用来表示矿体或巷道
地质数据库	surpac.ddb	钻孔数据库文件(DDB)用来关联关系型钻孔数据库。这是一个文本文件,用来说明 Surpac 从数据库读取哪些表和字段

续表 1-1

文件类型	例子	描述
测量数据库	ug_mine.sdb	测量数据库文件(SDB)用来关联关系型测量数据库。这是一个文本文件，用来说明 Surpac 从数据库读取哪些表和字段
块体模型	block.mdl	块体模型是一种空间数据库，能够通过点和间隔型数据(如钻孔样品数据)来建模。由稀疏的钻孔数据估计三维实体的体积、吨位和平均品位
绘图文件	pit_str.dwf	从绘图模块输出的是 dwf 格式的绘图文件，可以在 Surpac 绘图窗口中打开并编辑它们，或者发送到绘图设备如绘图仪打印出图
宏	macro.tcl	宏是自定义的程序，通过创建宏，可以执行一系列重复性任务或执行一项特定的操作。操作者可以很容易地在 Surpac 中录制和编辑 TCL 脚本
插件	topo2.dxf	这个图标表示的是一类能够直接导入到 Surpac 中的文件。比如，可以导入任意一个具有以下扩展名的文件：.dxf、.dwg、.dgn、.dm、.shp、.dgd
风格文件	styles.ssi	Surpac 的风格文件，包含线和 DTM 的绘制风格、颜色设置以及默认的 Surpac 设置

二、实习内容

掌握启动与退出 Surpac 软件，打开软件后指定固定的文件夹(存储由于操作软件产生的数据)设置为工作目录，按照图 1-1 所示，熟悉①~⑩共 10 个主要功能模块的界面及具体作用，并掌握对表 1-1 中所有数据类型的打开、编辑及关闭等操作。

三、实习作业

(1) 利用图形显示及文本编辑器依次查看宏文件(.tcl)、体文件(.dtm)、线文件(.str)、数据库(.ddb)、块体模型(.mdl)等文件格式及显示特征。

(2) 利用线串号范围表达，选择显示 samp_classified1.str 文件线串号为 1、3 号的线。

(3) 查看数据库 Surpac 中化验表信息，并选择显示 ZK1 钻孔的化验数据。

实习一　Surpac 软件基本介绍

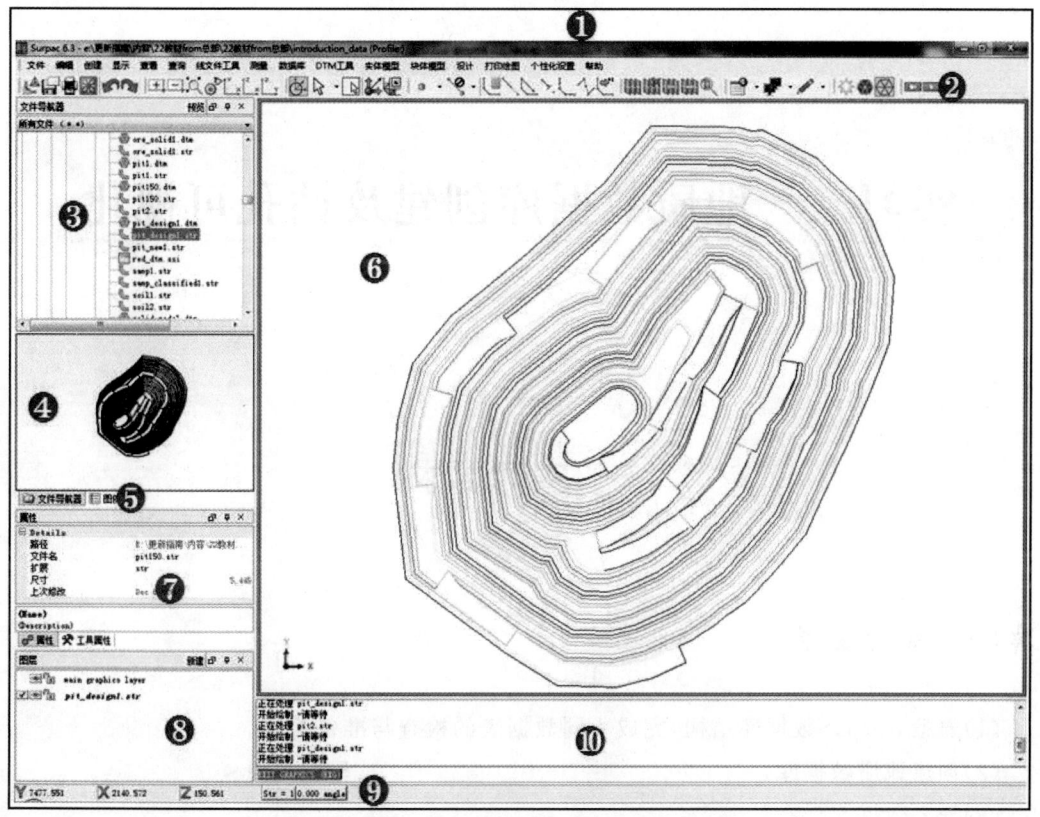

图 1-1　Surpac 常用的功能模块示意图
①菜单;②工具栏;③文件导航器;④预览窗口;⑤图例面板;⑥图形工作区;
⑦属性面板;⑧图层面板;⑨状态栏;⑩消息窗口

实习二　地质数据库创建及钻孔可视化

一、实习要求

(一)目的要求

(1)熟悉 Surpac 数据库结构,完成不同数据表的检查与准备工作。
(2)创建地质数据库。
(3)导入数据。
(4)钻孔风格的设置与显示。

(二)实习资料

本次实习案例数据由北京中矿智信科技有限公司提供,为一石英脉型金矿的勘探资料,矿床勘探区面积约 0.7km^2,勘探网度为 80m×80m,共有 9 条勘探线,勘探线走向为东西向,施工钻孔共计 83 个,钻孔深度范围集中在 50～200m 之间。

共圈定一条矿体(编号为 KT1),呈层状,倾向东,倾角在 10°～15°之间,矿体走向延长约 640m,倾向延深约 700m,矿体平均厚度约 12.5m,金平均品位约 8.80g/t。该矿体规模较大、形态简单、厚度变化较为稳定,且品位分布较均匀,对应勘查类型为Ⅰ类。

二、实习内容

1. 检查与分析数据表

本次实习提供了 4 个不同数据表,分别为开孔坐标.cvs、测斜数据.csv、岩性数据.csv 和化验数据.csv,且上述数据表均已按照 Surpac 软件数据库要求进行了整理。本书所有实习内容都源于这 4 个数据表,其数据结构及参数要求如下:

1)开孔坐标

该表格文件中包含工程编号、北坐标、东坐标、高程、终孔深度、孔迹类型、勘探线号、勘探线 id 等 8 列数据(表 2-1)。

表 2-1 开孔数据表

工程编号	北坐标	东坐标	高程/m	终孔深度/m	孔迹类型	勘探线号	勘探线 id
100ZK10	3597909.61	520518.3	3 215.32	60.56	curved	100	60100
100ZK11	3597910.73	520679.77	3 207.76	90.79	curved	100	60100
100ZK12	3597910.45	520920.61	3 215.9	158.78	curved	100	60100
100ZK13	3597910.15	521000.2	3 206.99	156.31	curved	100	60100
100ZK14	3597910.75	521080.97	3 206.54	176.51	curved	100	60100
100ZK15	3597910.54	521162.47	3 206.38	180.91	curved	100	60100
100ZK19	3597909.95	520758.00	3 207.55	107.43	curved	100	60100
100ZK22	3597910.06	521320.24	3 205.92	199.26	curved	100	60100
100ZK3	3597909.46	520441.43	3 226.05	54.71	curved	100	60100
100ZK4	3597913.33	520601.32	3 208.58	64.92	curved	100	60100
100ZK5	3597909.90	520840.35	3 206.94	128.76	curved	100	60100
100ZK6	3597906.55	520364.37	3 231.15	48.20	curved	100	60100
100ZK8	3597910.006	521478.54	3 207.32	223.90	curved	100	60100
103ZK10	3597830.171	520760.736	3 206.253	99.47	curved	103	60103
103ZK11	3597828.125	520842.666	3 206.255	125.31	curved	103	60103
103ZK12	3597829.308	521080.732	3 205.743	161.26	curved	103	60103

按照 Surpac 软件数据库数据结构与参数要求,开孔坐标数据内容应与 Collar 表呈一一对应关系,且该数据需导入 Surpac 地质数据库的 Collar 表中,Collar 表为数据库中的强制表。开孔坐标数据与 Collar 表对应关系见表 2-2。

表 2-2 开孔坐标数据结构及参数介绍

开孔坐标.csv	Collar 表	备注
工程编号	hole_id	强制字段
北坐标	y	强制字段
东坐标	x	强制字段
高程	z	强制字段

续表 2-2

开孔坐标.csv	Collar 表	备注
终孔深度	max_depth	强制字段
孔迹类型	hole_path	强制字段
勘探线号	勘探线号（需手动添加）	可选字段
勘探线 id	勘探线 id（需手动添加）	可选字段

参数说明如下。

前 6 项参数均为强制字段，软件自动创建。之后为可选字段，按照需求可手动添加，如勘探线号与勘探线 id 这两个字段。

(1)工程编号(hole_id)：地质工程的编号，不能有重复项。

(2)北坐标(y)：地质工程起始位置的北坐标。

(3)东坐标(x)：地质工程起始位置的东坐标。

(4)高程(z)：地质工程起始位置的高程坐标。

(5)终孔深度(max_depth)：地质工程的长度，钻孔工程为钻孔深度，槽探工程为槽探的长度。

(6)孔迹类型：在 Surpac 软件中地质工程轨迹线类型有 3 种，分别为 curved、linear 及 vertical(轨迹线为曲线的情况下，孔迹类型为 curved，通常为钻孔工程；轨迹线为折线的情况下，孔迹类型为 linear，通常为探槽或坑道工程；轨迹线为铅直向下，即倾角为－90°、方位角为 0°的工程，孔迹类型为 vertical，通常为竖井工程)。

(7)勘探线号：是指地勘单位、生产矿山在进行找矿勘探时命名的勘探线号，通常用阿拉伯数字、罗马数字及字符进行编号。

(8)勘探线 id：是指用 Surpac 软件进行建模时为便于表示地质数据所属的勘探线，结合 Surpac 软件对文件名进行处理的方法，用 1 个 4 位或 5 位的整数表示各勘探线号，并把它作为 Surpac 软件中处理文件名的 id 号。通常在原有的勘探线号前用 1、2(或 3、4、5、6、7、8、9 等)补齐为 4 位或 5 位整数的办法来实现。

2)测斜数据

该数据表中包含了工程编号、测斜深度、倾角、方位角 4 列数据，如表 2-3 所示。

表 2-3 测斜数据表

工程编号	测斜深度/m	倾角/(°)	方位角/(°)
100ZK10	0	－90	90
100ZK10	50	－89.7	79.7
100ZK11	0	－90	90
100ZK11	50	－89.3	267.6
100ZK12	0	－90	270

该数据在建立数据库过程中需导入到 Surpac 地质数据库的 survey 表中,survey 表为数据库中的强制表。测斜数据与 survey 表对应关系如表 2-4 所示。

表 2-4 测斜数据结构及参数介绍

测斜数据.csv	survey 表
工程编号	hole_id
测斜深度	depth
倾角	dip
方位角	azimuth

参数说明如下。

(1)工程编号(hole_id):地质工程的编号,不能有重复项,并且与开孔坐标数据表中的工程编号相对应。

(2)测斜深度(depth):测斜位置到工程起始位置的长度,钻孔工程为钻孔深度,槽探工程则对应槽探长度。

(3)倾角(dip):对应位置的测斜倾角。

(4)方位角(azimuth):对应位置的测斜方位角。

3)化验数据

数据表中包含了工程编号、样号、从、至、au 5 列数据,如表 2-5 所示。

表 2-5 化验数据表

工程编号	样号	从	至	au/(g·t^{-1})
100ZK10	1	26	27	<0.02
100ZK10	2	27	28	N/A
100ZK10	3	28	29	0.93
100ZK10	4	29	30	0.90
100ZK10	5	30	31	0.83
100ZK10	6	31	32	10.37
100ZK10	7	32	33	5.83
100ZK10	8	33	34	6.25
100ZK10	9	34	35	6.59
100ZK10	10	35	36.3	6.90

化验数据在 Surpac 地质数据库中为非强制表,需要自定义化验表。化验数据与自定义化验表对应关系如表 2-6 所示。

表 2-6 化验数据结构及参数介绍

化验数据.csv	自定义化验表
工程编号	hole_id
样号	sample_id
从	depth_from
至	depth_to
au	au(需要手动添加)

参数说明如下。

(1)工程编号:地质工程的编号,不能有重复项,并且与开孔坐标数据表中的工程编号相对应。

(2)从、至:记录样品的起止位置,位置不能超过工程的最大深度。

(3)样号:样品编号,可以为空。

(4)au:需要手动添加,记录化验的金品位,单位为 g/t。化验数据中因化验精度的限制,当品位小于 0.02g/t 时,记录为"＜0.02",有的样品无化验结果,记录为"N/A"。

4)岩性数据

数据表中包含了工程编号、从、至、岩性 4 列数据,如表 2-7 所示。

表 2-7 岩性数据表

工程编号	从	至	岩性
100ZK10	0	11.2	残坡积层
100ZK10	11.2	31	灰岩
100ZK10	31	40.2	石英脉
100ZK10	40.2	60.56	灰岩
100ZK11	0	13.5	残坡积层
100ZK11	13.5	55.12	灰岩
100ZK11	55.12	70.78	石英脉
100ZK11	70.78	90.79	灰岩

岩性数据在 Surpac 地质数据库中为非强制表,需要自定义岩性表。岩性数据与自定义岩性表对应关系如表 2-8 所示。

表 2-8 岩性数据结构及参数介绍

岩性数据.csv	自定义岩性表
工程编号	hole_id
从	depth_from
至	depth_to
岩性	岩性（需要手动添加）

参数说明如下。

(1)工程编号:地质工程的编号,不能有重复项,并且与开孔坐标数据表中的工程编号有对应关系。

(2)从、至:记录样品的起止位置,位置不能超过工程的最大深度。

(3)岩性:需要手动添加,该数据岩性有残坡积层、灰岩、石英脉。

2. 创建地质数据库

基于上述实例地质数据,在 Surpac 软件中创建一个数据库,定义数据库名称及数据库结构的操作如下。

(1)运行数据库→数据库→打开/新建功能。

(2)在对话框中输入建立的数据库名称,通常情况下,应用项目名称来命名(图 2-1)。

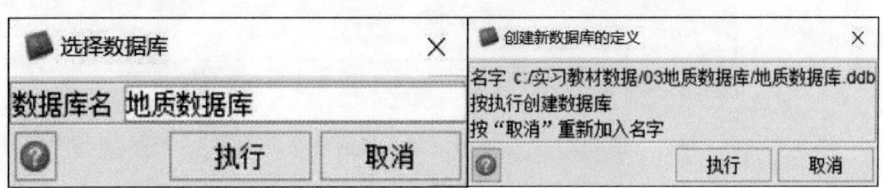

图 2-1 创建数据库名称录入界面

(3)选择数据库类型信息,一般根据用户计算机安装的数据库类型来决定。本次实习选择 Access 2000 数据库(图 2-2)。

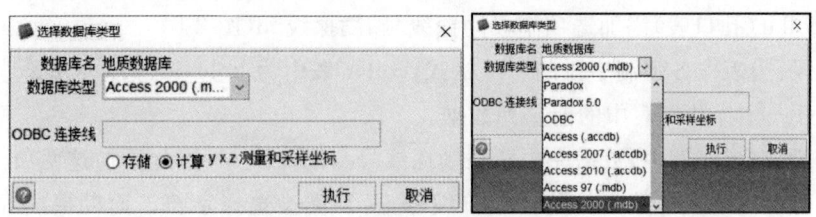

图 2-2 选择数据库类型界面

具体说明如下。

数据库类型：如果使用 Access 数据库，在本机中必须安装 Access 数据库，在安装 Surpac 软件过程中会自动安装 Access 数据库，也可以自行安装 Microsoft Access 数据库。如果不想安装其他数据库产品，建议使用 Paradox 数据库，该数据库不需要其他产品的支持。

存储：将地质工程中测斜点及样品从、至两点的实际三维坐标数据存储在数据库中，这样计算速度更快，但会增加数据库大小。

计算 y、x、z 测量和采样坐标：当需要地质工程中测斜点及样品从、至两点实际三维坐标数据时，使用该选项会减少数据库的大小。

（4）定义选项表，在利用 Surpac 软件创建地质数据库过程中会自动创建 3 个强制表：collar(孔口表)、survey(测斜表)和 translation(转换表)。

在该实例中我们仅需要添加化验表与岩性表(图 2-3)。

图 2-3　数据库非强制表格创建界面

表类型：在表类型中分为间隔、点、离散 3 种类型(图 2-4)。

间隔是表达一段有长度(从/至)样品数据最常用的类型。

点为记录工程中某一点的数据。

离散为记录 y、x、z 和样品数据，如地表随机取样，该数据与其他表没有任何关系。

（5）为 collar(孔口表)添加选项字段勘探线号、勘探线 id(图 2-5)。

强制字段：为表中各强制字段的一些格式，collar 表中为 hole_id、y、x、z、max_depth、hole_path，对应开孔坐标数据表中的前 6 列数据。

选项字段：在该实例中，数据库中还缺勘探线号与勘探线 id，因此添加这两项。在地质工作中勘探线号会出现罗马数字及其他字符编号，所以类型选择字符。而勘探线 id 为 5 位整数，数据类型选择整数，且需要修改字段上限。

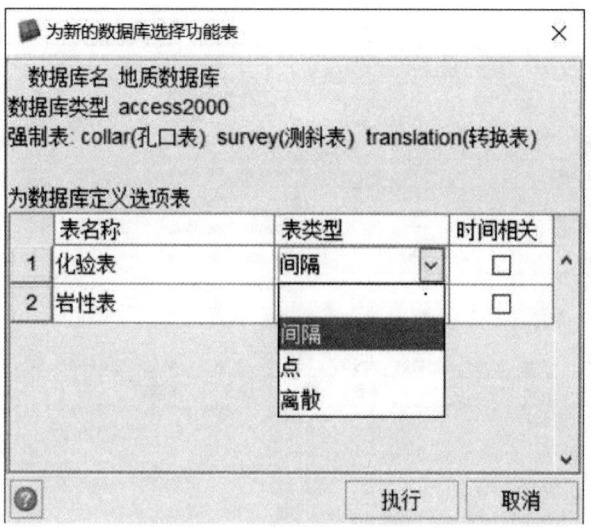

图 2-4 定义数据表类型

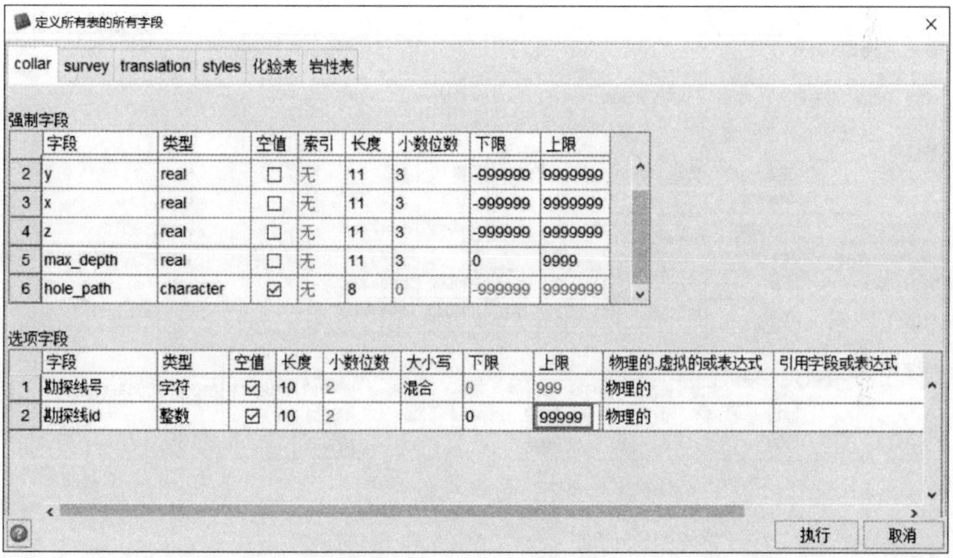

图 2-5 定义孔口表(collar)描述字段

(6)survey(测斜表)中不需要任何添加(图 2-6)。

强制字段:survey(测斜表)强制字段主要为 hole_id、depth、dip、azimuth,分别对应测斜数据表中的 4 列数据。

(7)为化验表添加选项字段 au、tau(图 2-7)。

强制字段:化验表强制字段主要为 hole_id、samp_id、depth_from、y_from、x_from、z_from,分别对应化验表中的前 4 列数据,samp_id 默认勾选空值,这样样品号为空的时候也能正确导入数据。

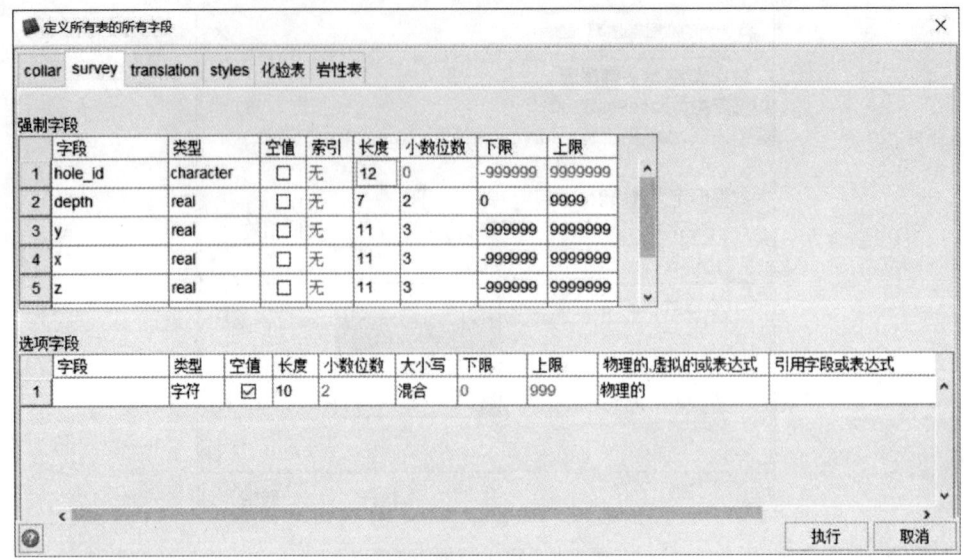

图 2-6 定义测斜表(survey)描述字段

图 2-7 定义化验表描述字段

选项字段:有些化验数据会出现样品丢失情况(N/A),我们会把这部分样品转换成负值导入到数据库中。在后续的样品分析组合等过程中 Surpac 软件会专门对负值样品进行处理,按照品位为 0 或者不参与计算来处理。因此通常把 au 字段的下限值设置为 -99。

化验数据中存在非实数形式的样品数据,在下面的工作中我们会设置转换表将非实数的化验数据转换成实数导入到数据库中。转换完成后在 Surpac 数据库的 au 字段中记录转换后的数据,无法看到化验表原始数据。按照图 2-6 中设置 tau 字段,可以在 tau 字段中查看化验表原始数据。

(8)为岩性表添加选项字段岩性(图 2-8)。

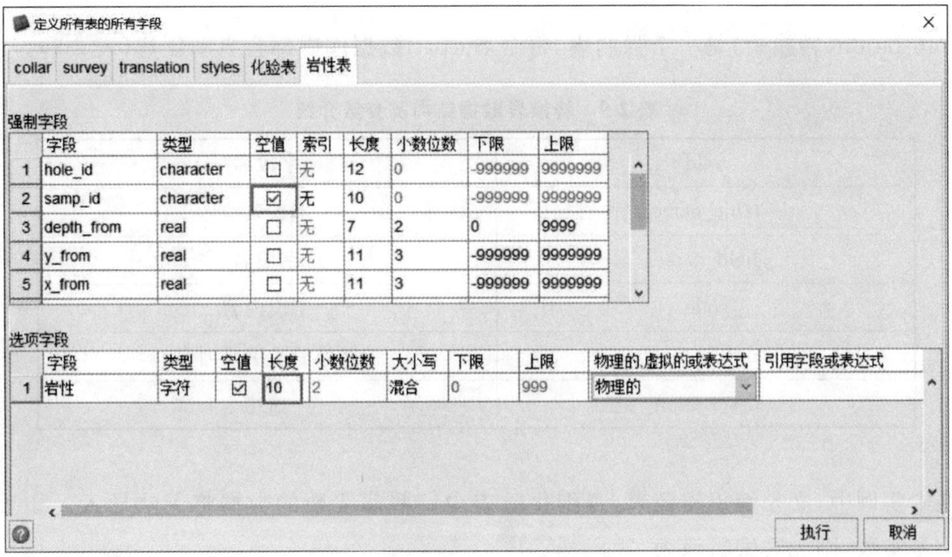

图 2-8 定义岩性表描述字段

具体说明如下。

强制字段：岩性表强制字段主要为 hole_id、samp_id、depth_from、y_from、x_from、z_from，分别对应岩性表中的前 4 列数据，samp_id 默认勾选空值，这样岩性表第二列为空，不影响数据导入。

选项字段：添加岩性字段，根据岩性字段的长短可手动改变字段长度，其中单个英文字母长度为 1，汉字为 2，本实例中默认长度为 10。

(9)在完成数据库中 4 张表数据结构及属性字段定义后，软件消息栏中会出现如图 2-9 所示信息，且在文件导航器中生成地质数据库.ddb 与地质数据库.mdb 两个文件。

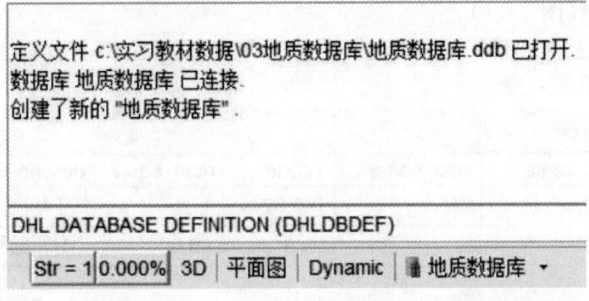

图 2-9 提示地质数据库创建完成状态

其中地质数据库.ddb 为数据库定义文件，它是 Surpac 软件和数据库之间的桥梁，地质数据库.mdb 为 Access 2000 数据库。至此，已初步完成数据库的建立，可通过"数据库→编辑→查看表"来查看数据库中的各个表格。

3. 编辑转换表

translation(转换表)是一个强制表,每个 Surpac 数据库中都会自动创建(表 2-9)。

表 2-9 转换表数据结构及参数介绍

field	字段名
table_name	表名
field_name	字段名
code	字段内容
num_equiv	转换后的字段内容
description	描述

在本实例中,必须编辑转换表,否则化验表中一些非实数的数据将无法导入。如果化验结果均是实数,则无需编辑该表。

(1)编辑→插入记录,选择数据库表为 translation,默认定义插入行模板(图 2-10)。

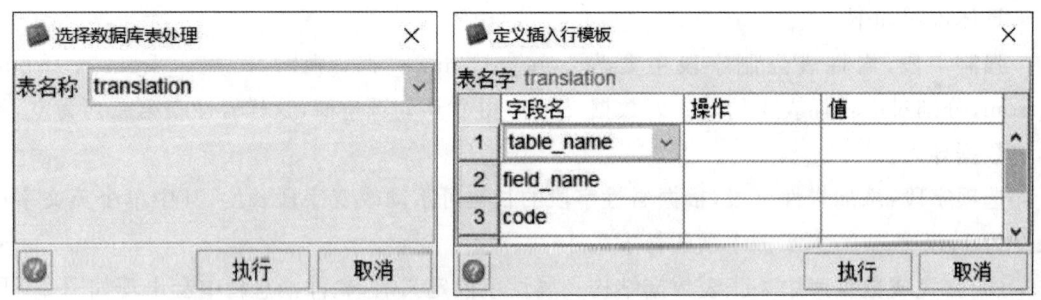

图 2-10 设置与定义转换表

(2)输入两条记录(图 2-11)。

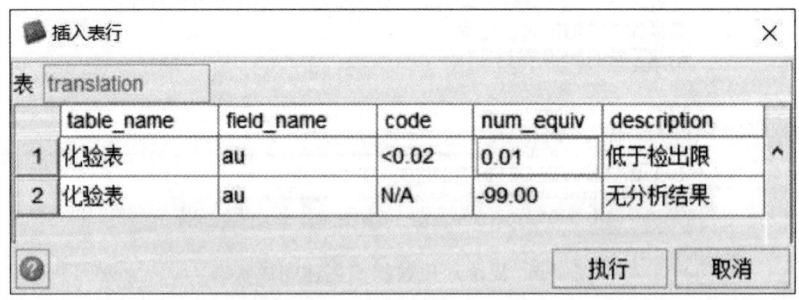

图 2-11 转换表中插入转换记录

在该实例中,translation(转换表)的作用是将化验表中 au 的化验值为"<0.02"的记录定义为 0.01,将化验表中 au 的化验值为"N/A"的记录定义为 -99.00,这样化验数据就能顺利导入到化验表中。

4. 导入数据

将 4 个数据表导入地质数据库中。

(1)运行"数据库→数据库→导入数据"功能。默认执行创建格式文件(图 2-12)。

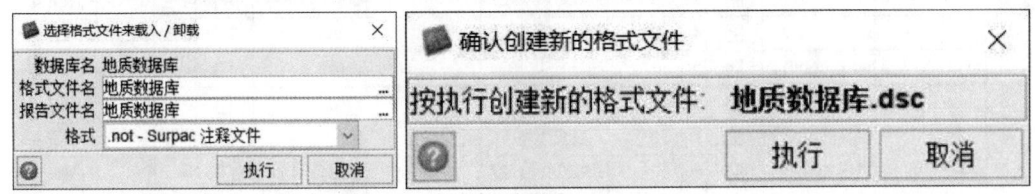

图 2-12　地质数据库执行数据表导入

格式文件将会记录导入数据的方式,一般是与数据库名称一致。格式文件定义了需要导入的表名称和字段名以及与源数据(.txt 或.csv)的列代号对应关系。文件的扩展名为.dsc (description)。利用此格式,为下一次数据导入相同的数据格式时,只需调用该文件即可,可减少每次导入的配置。

(2)选择需要导入的数据表,勾选需要导入的 collar、survey、化验表与岩性表(图 2-13)。

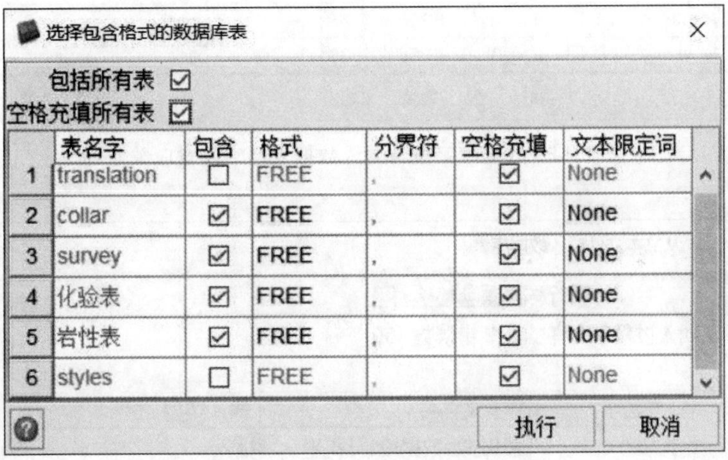

图 2-13　定义数据表导入

(3)核对数据库中定义的字段和原始 4 张数据表中属性列的对应关系,本实例中建立数据库字段与 4 张数据表中属性列是一一对应的(图 2-14),所以默认执行即可。

(4)选择需要加载的数据表(格式可为.csv 与.txt)(图 2-15)。

进行样品重叠检验:在载入数据过程中,自动检查样品记录表中取样间隔是否有重叠。

最多错误数目:在数据导入的过程中,源数据中有可能存在数据格式与数据库格式不一致或其他原因引起导入错误的情况,Surpac 会自动报告错误位置及数量,如果错误数目大于设定值,则停止加载,本实例选择 50 个。

载入类型:载入类型有插入、更新、插入/更新。当需要覆盖以前的数据,或追加新的数据时,则需要选择更新或插入/更新。本实例载入类型选择插入。

	表名字	字段名字	包含	列	长度	格式
1	collar	hole_id	☑	1	0	FREE
2		y	☑	2	0	FREE
3		x	☑	3	0	FREE
4		z	☑	4	0	FREE
5		max_depth	☑	5	0	FREE
6		hole_path	☑	6	0	FREE
7		勘探线号	☑	7	0	FREE
8		勘探线id	☑	8	0	FREE
9	survey	hole_id	☑	1	0	FREE
10		depth	☑	2	0	FREE
11		y	☐	0	0	FREE
12		x	☐	0	0	FREE
13		z	☐	0	0	FREE
14		dip	☑	3	0	FREE
15		azimuth	☑	4	0	FREE
16	化验表	hole_id	☑	1	0	FREE
17		samp_id	☑	2	0	FREE
18		depth_from	☑	3	0	FREE
19		y_from	☐	0	0	FREE
20		x_from	☐	0	0	FREE
21		z_from	☐	0	0	FREE
22		depth_to	☑	4	0	FREE
23		y_to	☐	0	0	FREE
24		x_to	☐	0	0	FREE
25		z_to	☐	0	0	FREE
26		au	☑	5	0	FREE
27		tau	☐	0	0	FREE
28	岩性表	hole_id	☑	1	0	FREE
29		samp_id	☑	2	0	FREE
30		depth_from	☑	3	0	FREE
31		y_from	☐	0	0	FREE
32		x_from	☐	0	0	FREE
33		z_from	☐	0	0	FREE
34		depth_to	☑	4	0	FREE
35		y_to	☐	0	0	FREE
36		x_to	☐	0	0	FREE
37		z_to	☐	0	0	FREE
38		岩性	☑	5	0	FREE

图 2-14 数据库字段与导入数据表格字段对应关系

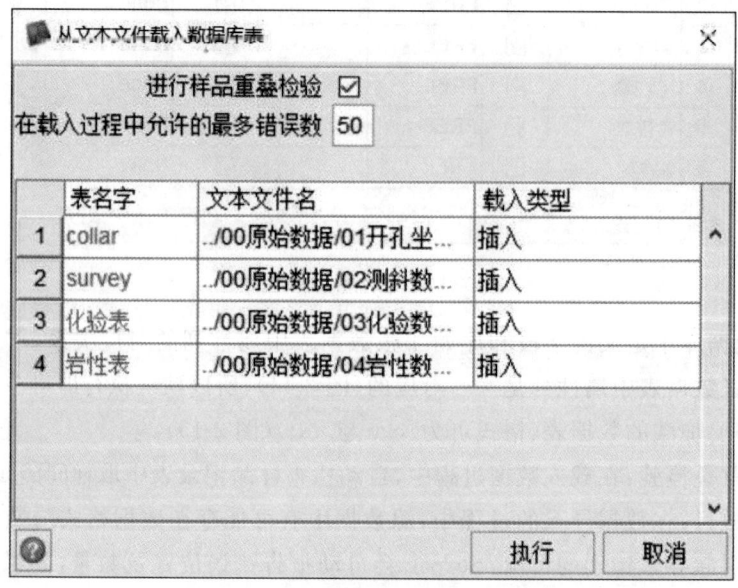

图 2-15 加载数据表及相应载入类型

（5）导入数据后会生成一个日志文件。该日志会记录导入数据的时间、数据库名称、导入格式与结果。在每个数据表导入的记录中都有 1 条记录被拒绝，这是正常情况，这个错误是数据表中第一行表头信息造成的，该信息无法导入到数据库中（图 2-16）。

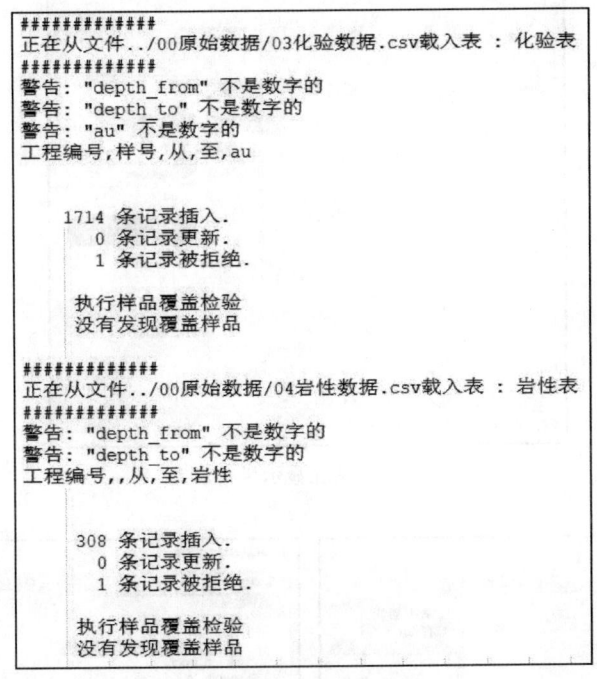

图 2-16　数据导入结果日志文件记录

5. 三维空间显示钻孔

地质数据库建立后，可利用 Surpac 软件三维图形显示功能，展示工程的轨迹线、品位值、岩性及代码、岩层走向等信息，总之几乎所有的地质信息都可以用字符、图表、图案的形式显示出来。本实例中显示钻孔的轨迹线、品位值与岩性即可。

1）设置钻孔显示风格

在显示钻孔之前，必须做一些准备工作。如果希望沿着钻孔的方向，根据不同的品位区间或不同岩性显示不同的颜色风格，则需要设置钻孔显示风格。

（1）运行"数据库→显示→钻孔显示风格"功能，得到如图 2-17 所示界面。

（2）在化验表的 au 字段上点击右键，选择"获取最小-最大范围"，以不同的范围区间设置不同的颜色（图 2-18）。

（3）在 au 字段上点击右键，选择"添加新的风格"，并根据项目对应的工业指标，比如边界品位、块段品位、矿区品位等指标来设置对应的显示风格（图 2-18）。

本实例按照表 2-9 来修改相应的区间并设置各区间的颜色。

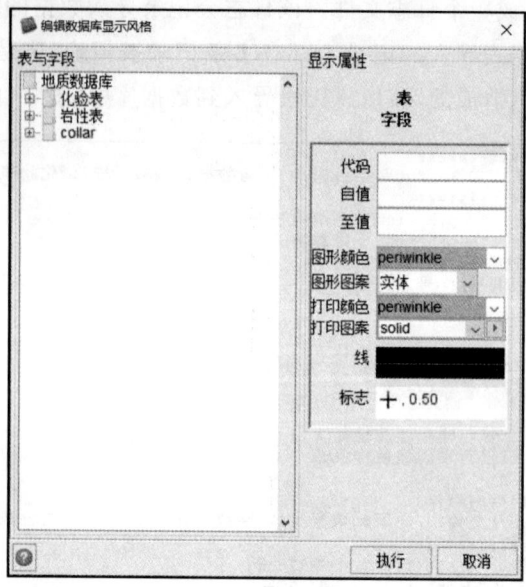

图 2-17 钻孔显示风格设置

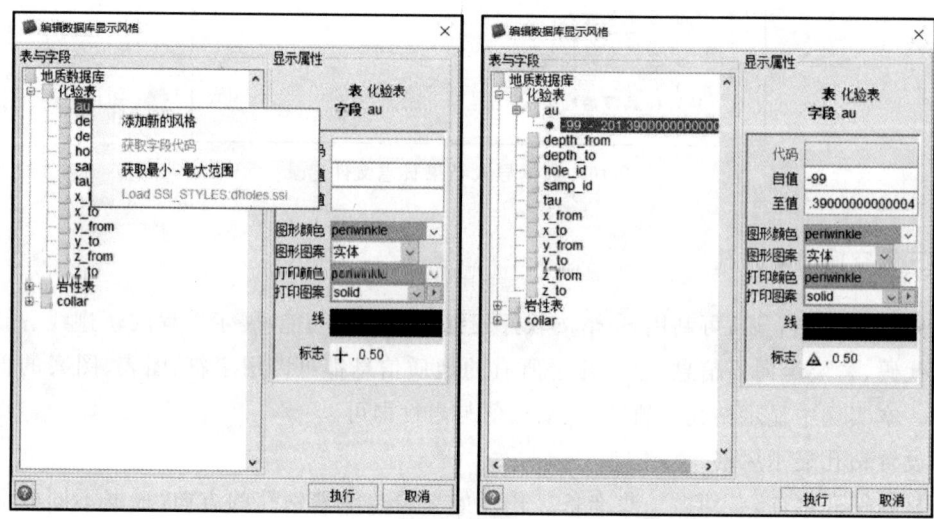

图 2-18 钻孔 au 字段品位数据范围及显示风格设置

表 2-9 Au 品位范围及对应颜色

au 品位/(g·t^{-1})	设置颜色
−99～0	periwinkle
0～1	cyan
1～3	pink
3～5	red
5～999	plum

(4)在岩性表的岩性字段上点击右键,选择"获取字段代码",可获得所有岩性字段,并将不同岩性设置为不同的颜色(图 2-19)。

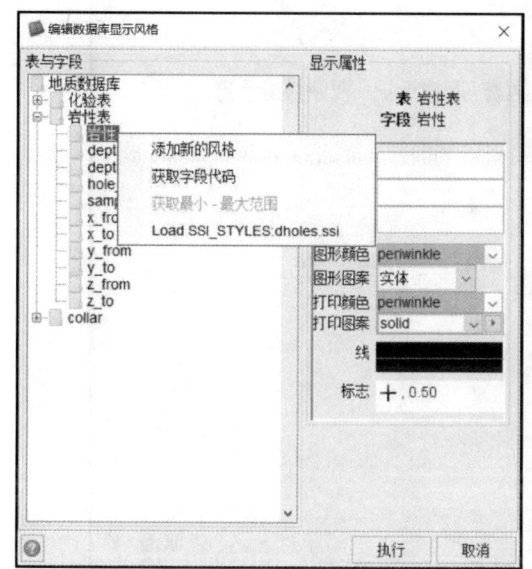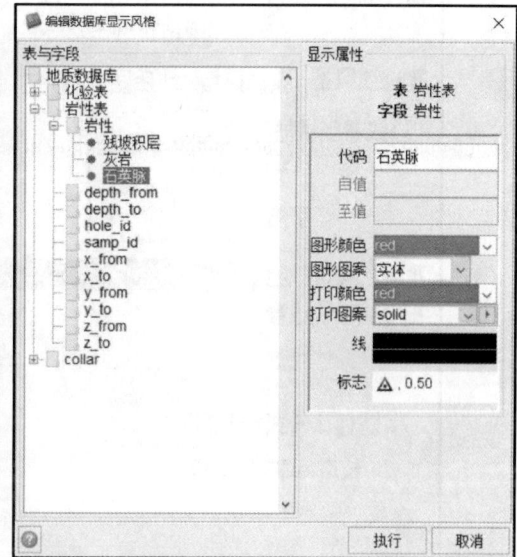

图 2-19 钻孔岩性字段及对应显示风格设置

本实例按照表 2-10 所示将对应岩性代码设置成对应的颜色。

表 2-10 岩性及对应颜色

岩性代码	设置颜色
残坡积层	yellow
灰岩	blue
石英脉	red

至此就完成了钻孔显示风格的设置。

2)钻孔三维显示

Surpac 数据库中,对于钻孔的显示有多种效果,比如根据品位的不同以圆柱体的方式显示孔迹线,将孔号和终孔深度等孔口表中的信息显示到钻孔上,在孔迹线左侧显示岩性图案,并可选择性标注数据库中任意属性字段信息等。下面根据实例数据介绍部分常用的显示方式,其余可自行尝试应用。

(1)运行"数据库→显示→钻孔",在"孔迹线风格"窗口界面中如图 2-20 所示设置,这样孔轨迹就按照不同 au 品位范围显示不同颜色。

(2)在"孔口风格"窗口界面中如图 2-21 设置,这样就会在孔轨迹起始位置显示钻孔编号,在孔轨迹尾部显示钻孔的最大深度。

(3)在"地质图案"窗口界面中如图 2-22 设置,这样就会在孔迹线左侧显示对应岩性图案。

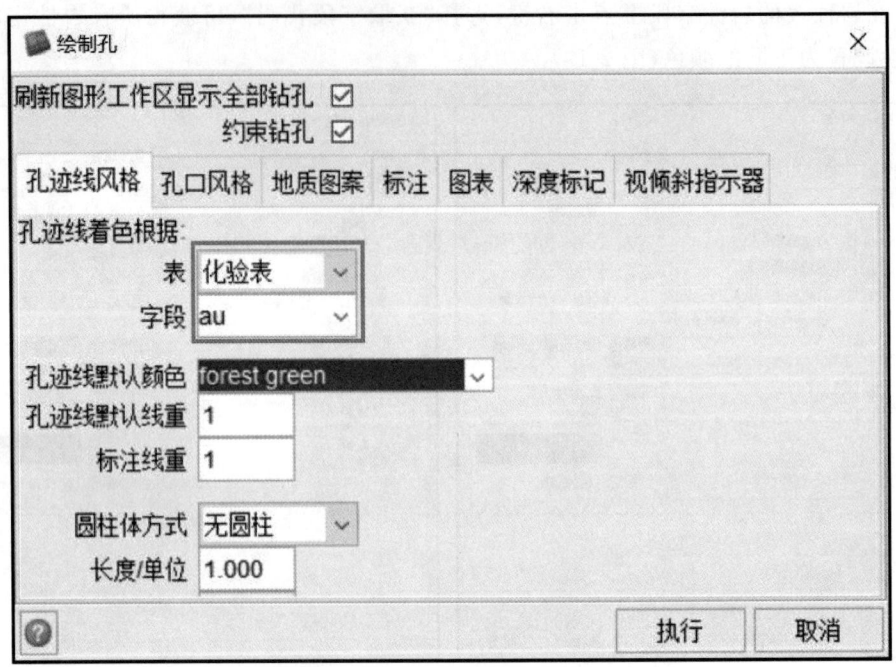

图 2-20　钻孔孔迹线显示风格设置

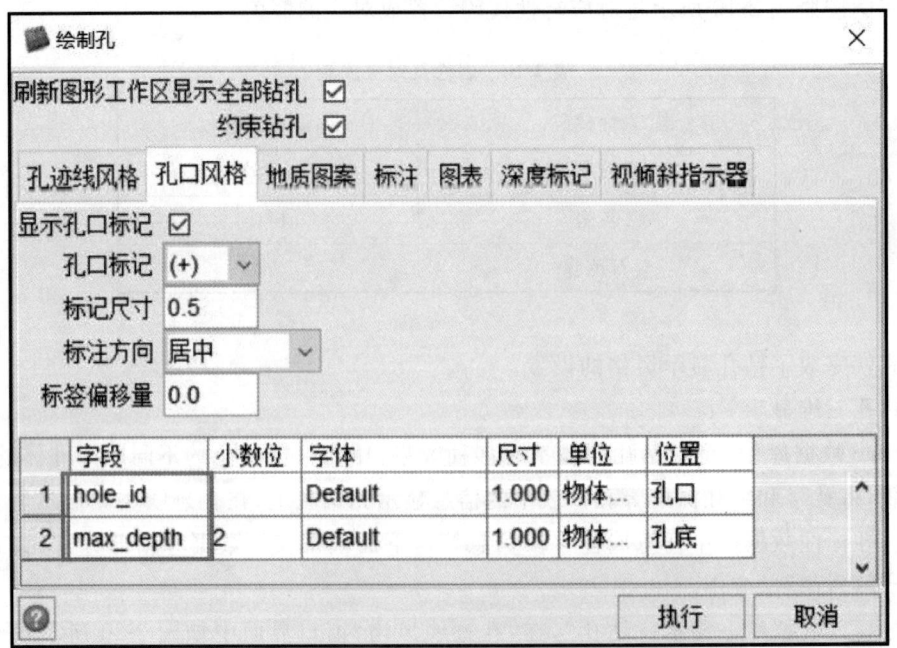

图 2-21　钻孔孔口显示风格设置

(4)在"标注"窗口界面中如图 2-23 设置,可将岩性表中岩性名称与化验表中样品品位分别标注在孔迹线左右两侧。

(5)图 2-24 所示为定义显示钻孔的约束窗口,默认执行即可显示所有钻孔。

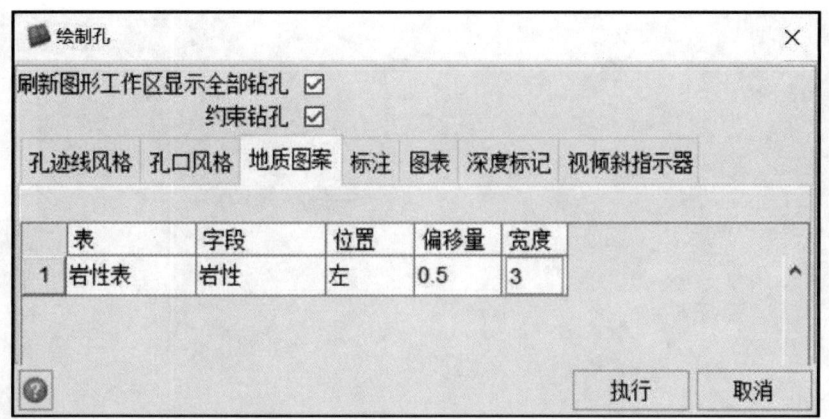

图 2-22　钻孔地质图案显示风格设置

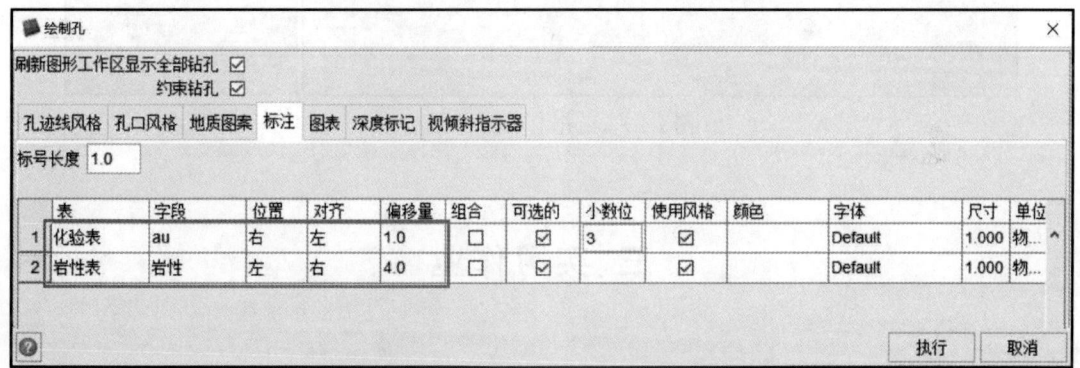

图 2-23　钻孔标注显示风格设置

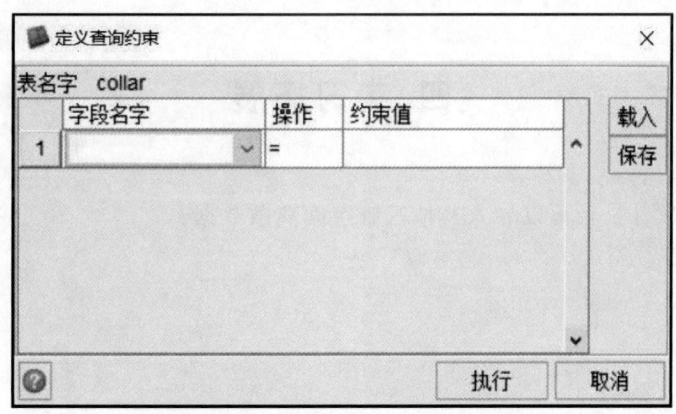

图 2-24　钻孔显示约束条件设置

（6）完成上述操作后就可在图形工作区中显示所有钻孔，如图 2-25 所示。

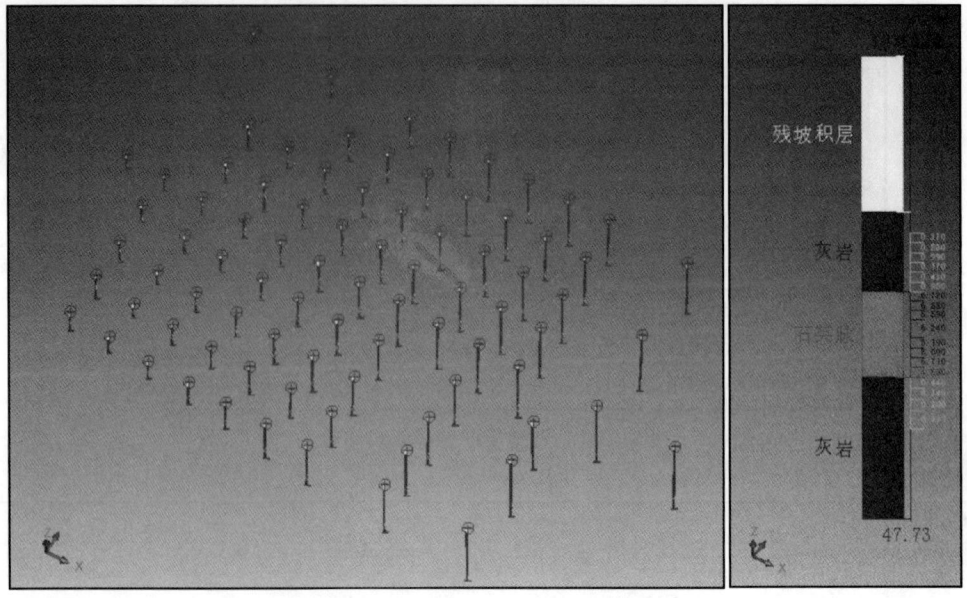

图 2-25 钻孔三维显示示意图

三、实习作业

(1)查看各个钻孔中达到工业品位的样品空间分布特征。
(2)熟悉软件约束功能,并通过约束条件显示指定钻孔。

四、实习拓展

利用 Surpac 软件是否可以导入其他三维空间离散数据?

实习三　地质解译及实体模型创建

一、实习要求

(一)目的要求

(1)熟悉矿体圈定的规范要求,学习地质勘查规范文件。
(2)熟悉了解地质解译工作前期资料准备工作。
(3)掌握勘探线剖面数据导入,完成剖面切制。
(4)完成剖面地质解译,并按照规范圈定矿体边界。
(5)掌握实体模型功能模块,完成矿体实体模型创建。

(二)实习资料

(1)钻孔地质数据库。
(2)矿区地形数据文件:地表.dtm 与地表.str。

二、实习内容

该实习分为3个内容开展:①勘探线剖面地形线提取;②勘探线剖面地质界线解译;③建立矿体实体模型。下文的剖面地形线提取与地质解译内容以100线与104线勘探线为例进行讲解。

1. 勘探线剖面地形线提取

(1)打开"地表.dtm"文件,并运行"查看→观察平面→创建图形剖面"功能。

(2)如图 3-1 定义剖面宽度窗口界面所示,在"剖面方式"中"切面定义方式"下选择"图形方式选择截面线",并勾选"确认所选端点坐标"。在实体剖面中"剖面图层"填写"地形线 60100",完成设置后点击执行。

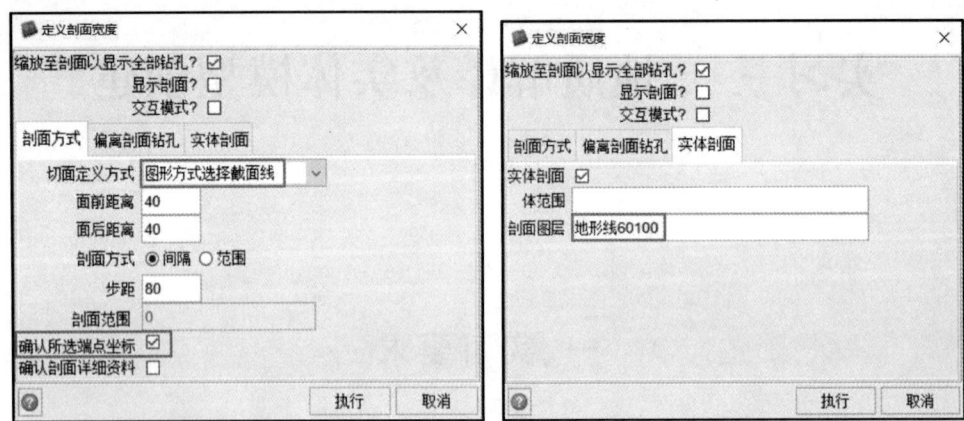

图 3-1　定义切制剖面方式及参数

(3)在图形工作区按住鼠标左键拖动任意画一条直线,在弹出的对话框中填入勘探线两点坐标(图 3-2)。

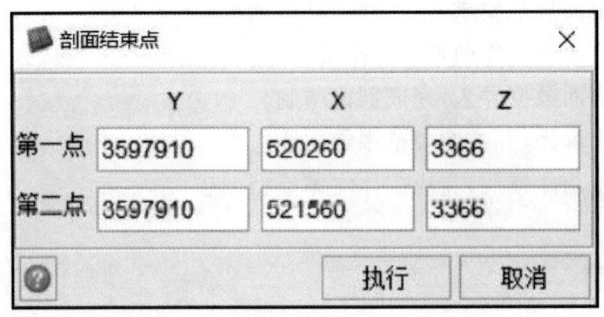

图 3-2　勘探线剖面端点坐标设置

(4)剖切完成后在软件左下方图层窗口生成了地形线 60100 图层,并在该图层内生成了对应剖面的地形线(图 3-3)。

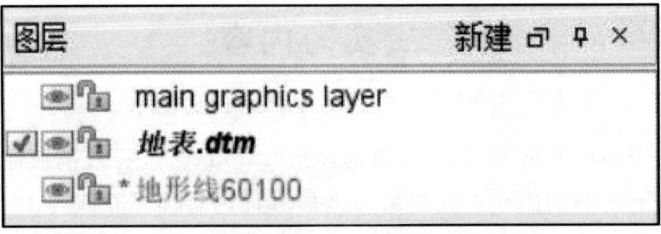

图 3-3　地形线存储图层

(5)勾选"地形线 60100 图层",运行"文件→保存→线/DTM"功能,保存地形线文件(图 3-4)。

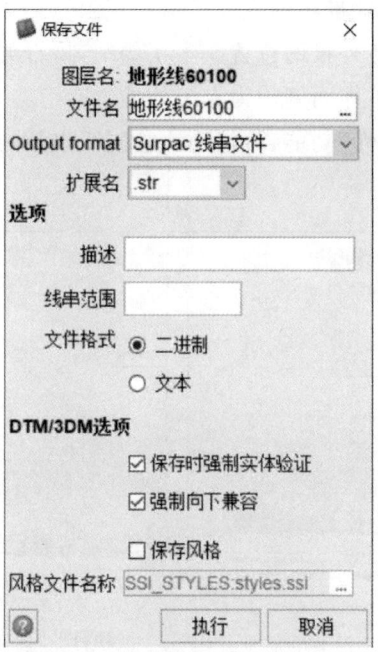

图 3-4 保存切制地形线数据

按上述操作步骤可依次制作其他剖面的地形线。

2. 勘探线剖面地质解译

1)定义 100 线剖面

(1)打开"地质数据库"显示钻孔,运行"查看→观察平面→创建图形剖面",参照之前剖切地形线的操作定义剖面(图 3-1、图 3-2)。这一次在图形工作区内没有打开地表.dtm 文件,所以没有"实体剖面"页签。

(2)剖切结果如图 3-5 所示,也可以打开对应的地形线文件来观察该剖面的地质信息。如果在该过程中转动了图形工作区的视角,可以使用"查看→观察平面→缩放至剖面范围"将观察视角调整到剖面视角。地质解译工作需要在剖面视角下完成。

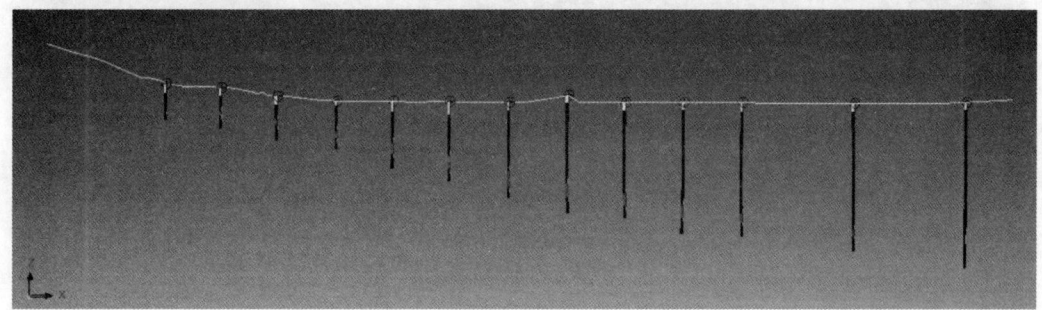

图 3-5 110 线图切剖面显示预览

2)解译矿体外推——有限外推辅助线

首先绘制辅助线,确定矿体外推的位置。本实例中,将石英脉对应的矿体编号定为KT1,该矿体在100线剖面上KT1矿体两侧均为有限外推。

(1)运行"创建→画点→属性"功能,将辅助线绘制线串号的属性设为5号线(该线号自行定义,图3-6)。

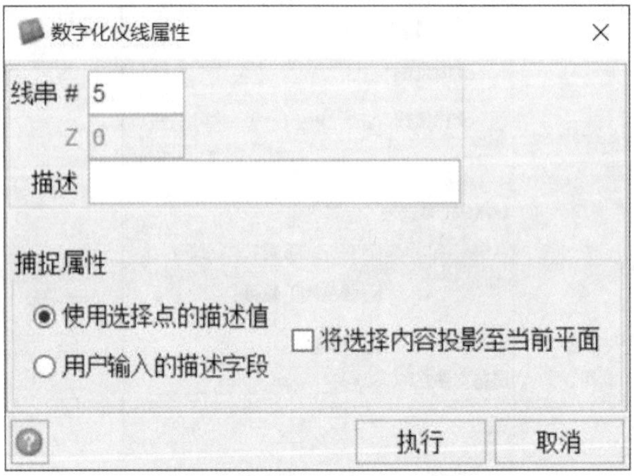

图3-6 线属性定义界面

(2)将视角调整到可以观察到左侧3个钻孔工程位置(从左至右依次为100ZK6、100ZK3、100ZK10),如图3-7所示。运行"创建→画点→在两点间画中点"功能,依次点击100ZK10见矿位置上下两点与100ZK3见矿位置上下两点,这样就得到了矿体中心线(图3-8)。

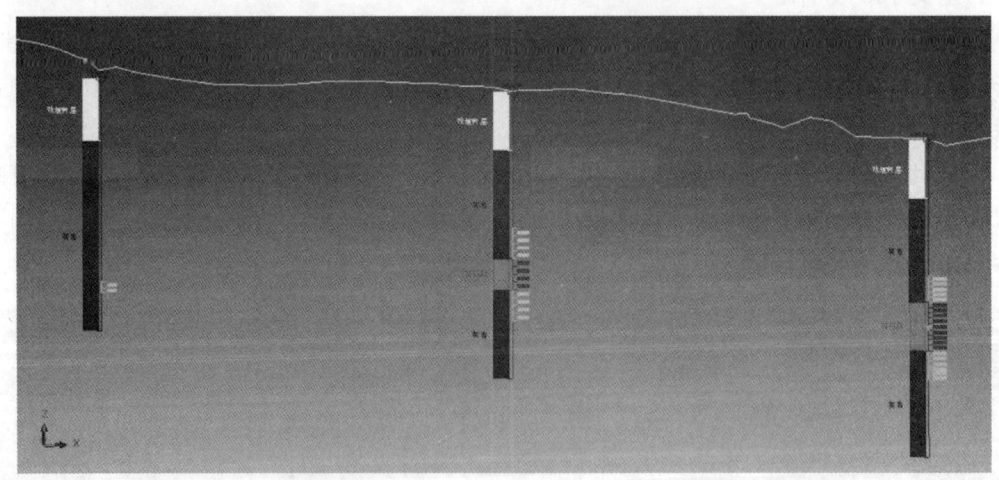

图3-7 100线剖面左端局部示意图

(3)运行"创建→新建点→延矢量"功能,将辅助线绘制到相邻工程,切换"线捕捉模式"运行"编辑→点→移动"功能,将最左侧的点捕捉到钻孔轨迹线上。两个工程间的矿体中心线延长线与第三个工程在三维空间上几乎不可能相交,所以需要将延长线的端点捕捉到对应工程上(图3-9)。

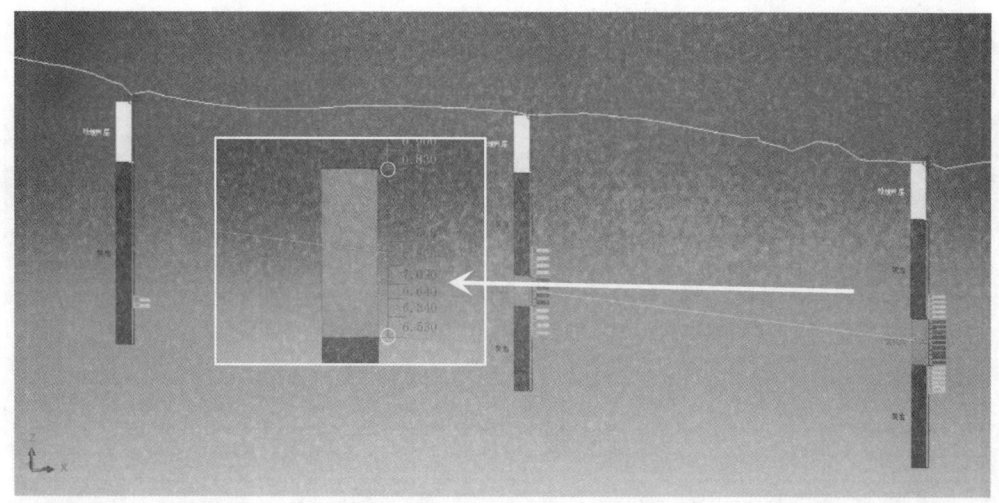

图 3-8　100ZK3、100ZK10 钻孔揭露矿体中心点连接辅助线

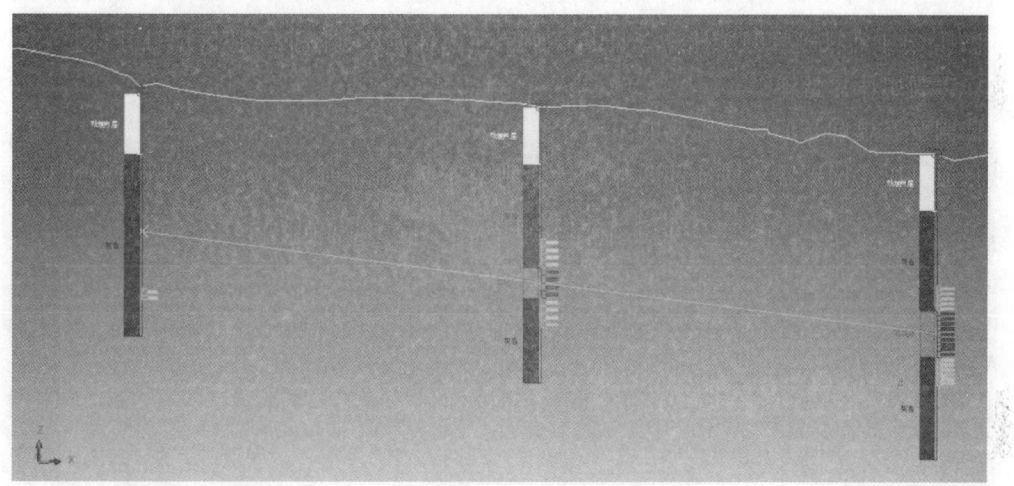

图 3-9　见矿钻孔矿体中心连接辅助线倾向外推

(4)确定外推点位置,使用"创建→画点→在两点间画中点"功能找出延长线中点,该点为外推矿体的尖灭点(图 3-10)。

注意:通常使用"创建→画点→在两点间画中点"功能即可确定外推矿体的尖灭点。当两点间距大于勘探网度时,外推的距离不能超过勘探网度的 1/2(本勘探线中为 40m)。使用"画点→新建点→任两点连线上产生点"功能,依次点击延长线两端点,在弹出的对话框中输入外推的距离(40m)可得到矿体的尖灭点。

本实例中沿着矿体中心线方向外推矿体,有时也可根据地层、岩性或矿化域等情况确定矿体外推方向。如 100 线剖面右侧部分可以按照矿化域来确定外推端点(图 3-11)。

3)解译 100 线矿体线

(1)在得到 100 线剖面两侧的矿体外推点后,运行"编辑→图层→新建"功能新建图层,在对话框中填入"矿体 60100"。后续将绘制的矿体线储存在该图层中(图 3-12)。

图 3-10 有限外推中心点

图 3-11 按照矿化域确定外推点位置

图 3-12 新建矿体线保存图层

(2)运行"创建→画点→属性"功能将矿体 60100 线串号设置为 110,并切换成"点捕捉"模式,依次选择对应的样品点与辅助点绘制矿体边界线(图 3-13)。

(3)绘制矿体夹石线与绘制矿体线的方法一致,需要注意的是夹石线的线串号与矿体线线串号一致(图 3-14)。

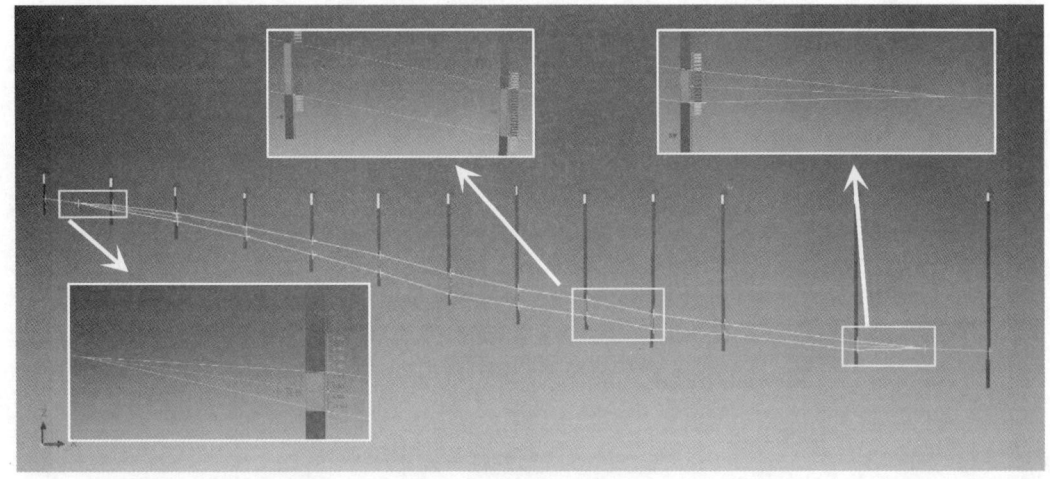

图 3-13 绘制矿体边界线

图 3-14 无矿夹石边界线绘制

(4)完成后保存"矿体 60100.str"线文件。矿体解译完成后效果如图 3-15 所示。

4)解译矿体外推——无限外推

同有限外推一样首先绘制辅助线,确定矿体外推位置。本实例中,104 线剖面 KT1 矿体东侧为无限外推。以 104 线东侧外推为例,介绍无限外推的方法。

(1)运行"创建→画点→属性"功能,将辅助线绘制线串号的属性设为 5 号线(图 3-16)。

(2)通过定义 104 线剖面,可将视角调整到可以观察到东侧 2 个钻孔工程位置(从左至右依次为 104ZK14、104ZK15),见图 3-17。

(3)运行"创建→画点→在两点间画中点"功能,依次点击 104ZK14 见矿位置上下两点与 104ZK15 见矿位置上下两点,这样就得到了对应的矿体中心线(图 3-17、图 3-18)。

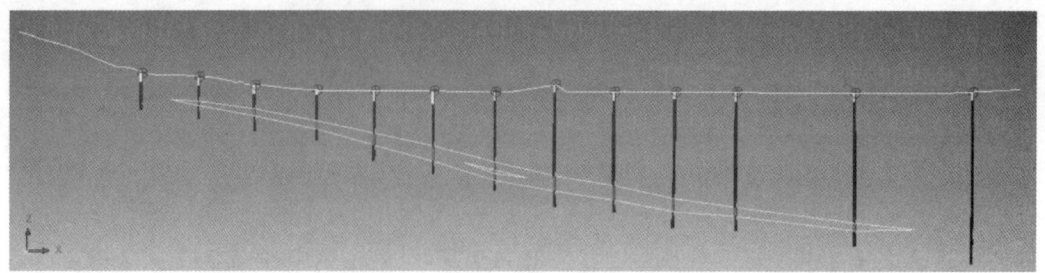

图 3-15　100 线矿体解译成果预览

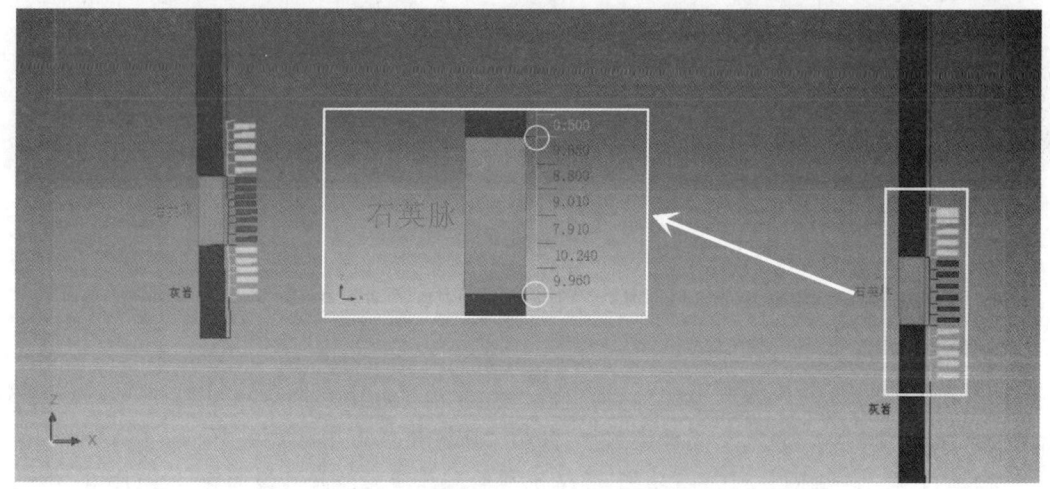

图 3-16　外推辅助线属性定义界面

图 3-17　104 线剖面东段局部示意图

（4）运行"查询→两点间方位与距离"功能,依次点击中心线两端点既可得到中心线的产状信息,其中方位角为 88.817°,倾角（坡度）为 -6.303°（图 3-19）。

（5）运行"编辑→复制特定线段（移动特定线段）→方位与距离"功能,点击上述辅助线（图 3-20）。

图 3-18　钻孔见矿中心连接辅助线

报告：从 (Y=3597990.38 X=521081.08 Z=3059.45) 到 (Y=3597992.00 X=521159.80 Z=3050.75)：
方位角 = 88.817 小数度数 = 88.4903 DMS，水平距离 = 78.736
倾斜距离 = 79.214，垂直距离 = -8.696，坡度：-6.303 小数度数 = -6.181 DMS(度分秒) = -11.045 % = 1 除以 -9.054

图 3-19　查询两见矿中心点连线空间参数

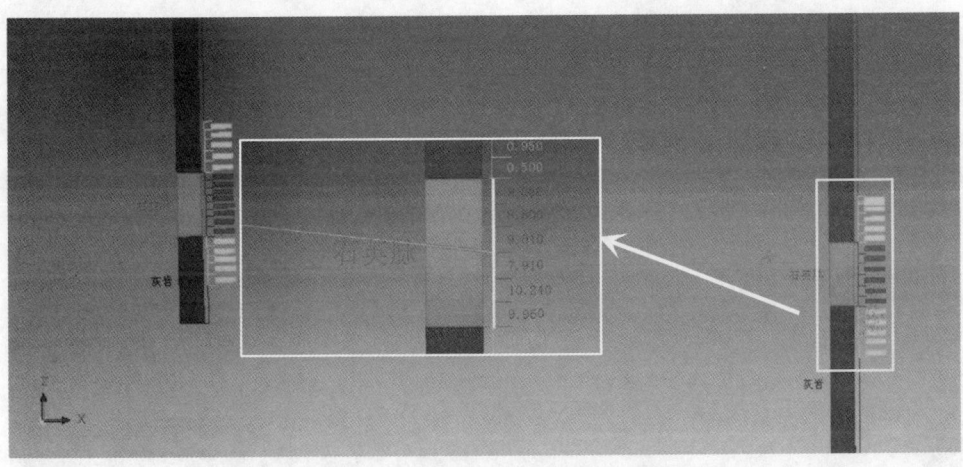

图 3-20　104 线剖面最右侧见矿钻孔辅助线示意图

(6)在弹出的窗口中输入上面查询得到的方位角与倾角，在倾斜距离窗口中输入勘探网度的 1/4，本实例为 20m。这样就得到了矿体外推的边线(图 3-21)。

(7)依次选择对应的样品点与辅助点，就可以绘制出 104 线的矿体边界线(图 3-22)。

按照以上的操作可得到所有剖面的矿体边界线(图 3-23)。

5)矿体沿走向外推——无限外推

矿体沿走向无限外推需要在三维空间内打开相邻两勘探线上的矿体线，并根据对应工程见矿位置来外推(图 3-24)。

依次绘制可得到 115 线外侧所有的见矿厚度辅助线(图 3-25)，参照辅助线的端点依次连接即可得到 115 线外侧的矿体边界线(图 3-26)。

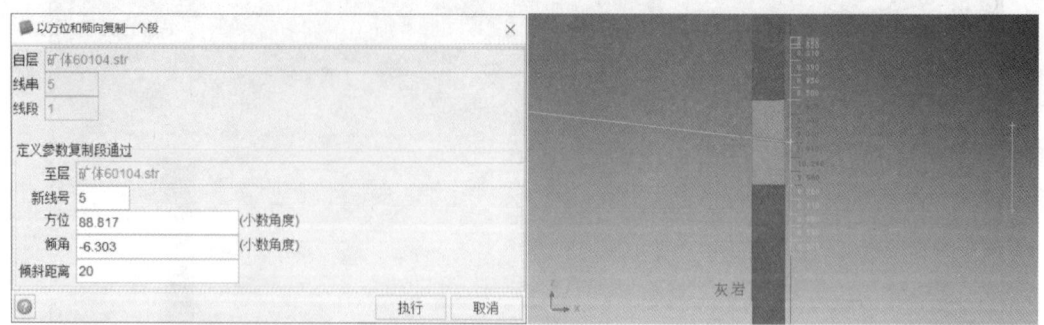

图 3-21　104 线倾向东延外推

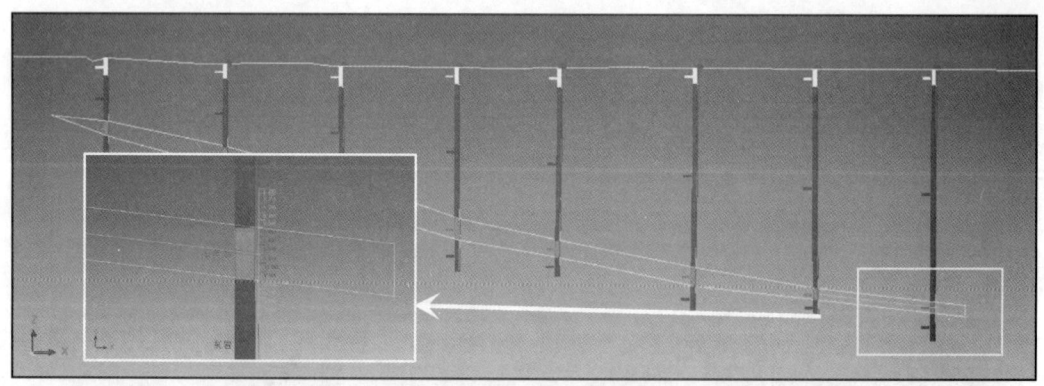

图 3-22　104 线矿体边界线

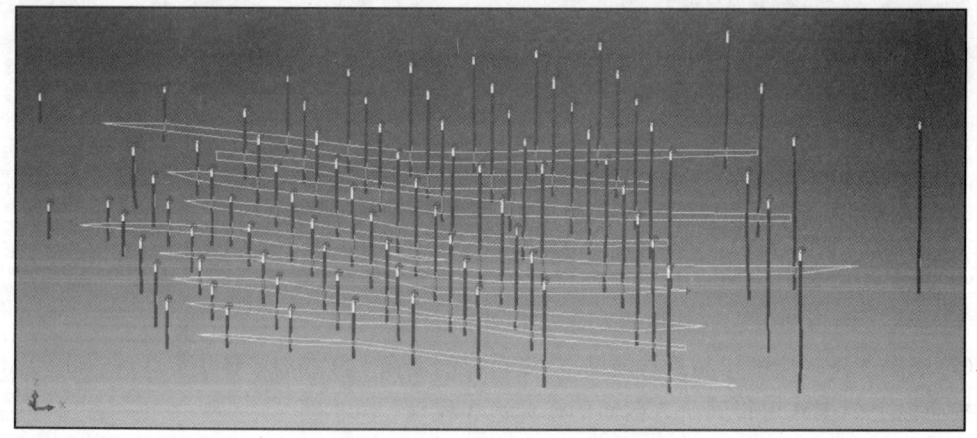

图 3-23　所有剖面矿体边界线示意图

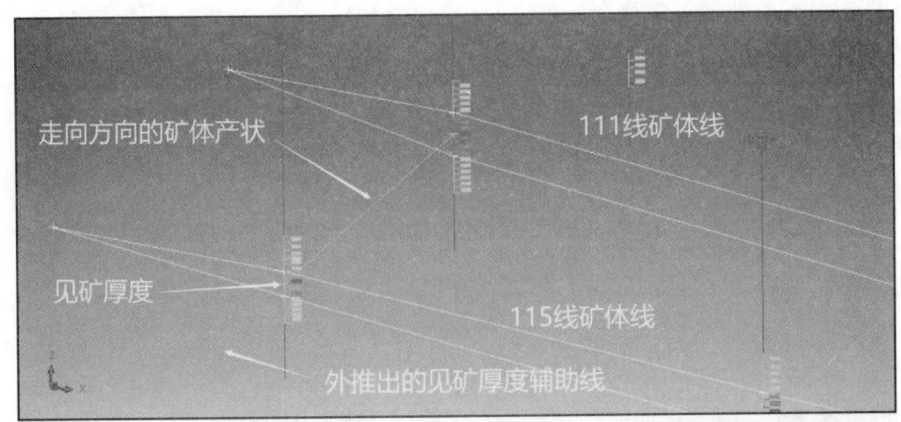

图 3-24　相邻剖面见矿钻孔矿体走向无限外推示意图

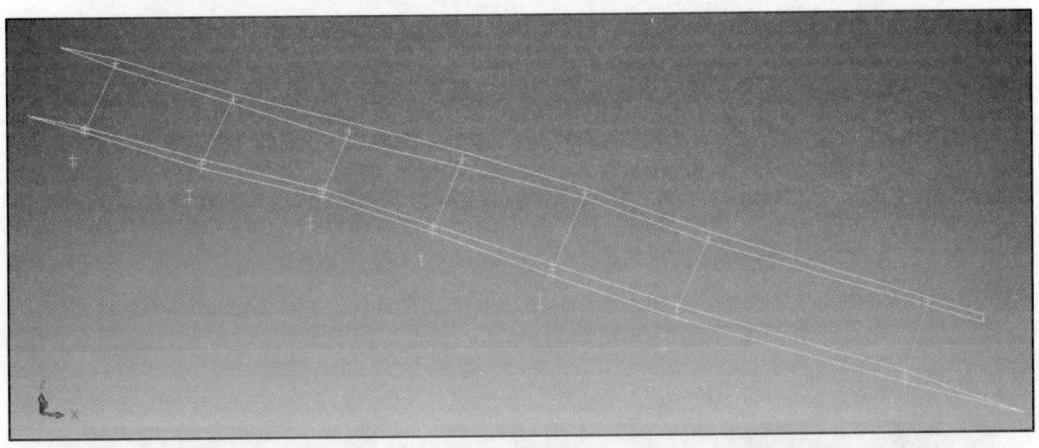

图 3-25　相邻剖面对应钻孔矿体中心点连接辅助线示意图

图 3-26　相邻剖面矿体走向无限外推示意图

6)矿体沿走向外推——有限外推

矿体沿走向有限外推也需要在三维空间内打开相邻两勘探线上的矿体线,根据对应工程见矿位置来外推(图 3-27)。

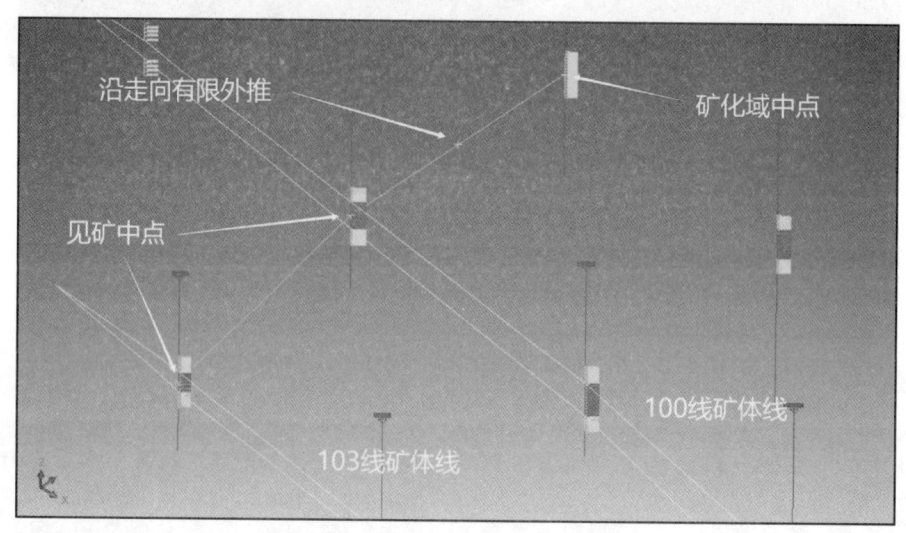

图 3-27　相邻剖面见矿钻孔矿体走向有限外推示意图

将所有矿体内部沿走向外推的辅助线绘制完成后,可得到包括夹石在内的外推控制点,这些控制点会帮助我们绘制矿体的边界线。

7)绘制矿体边界线

按住 Ctrl 键将所有的矿体线文件和控制点线文件拖入到图形工作区内打开(图 3-28),然后保存为"矿体 110.str"。

图 3-28　所有剖面矿体及控制点文件合并预览图

参照控制点与矿体边界将矿体底线用 8 号线圈连起来（图 3-29），用来支持后续建立的矿体实体模型。

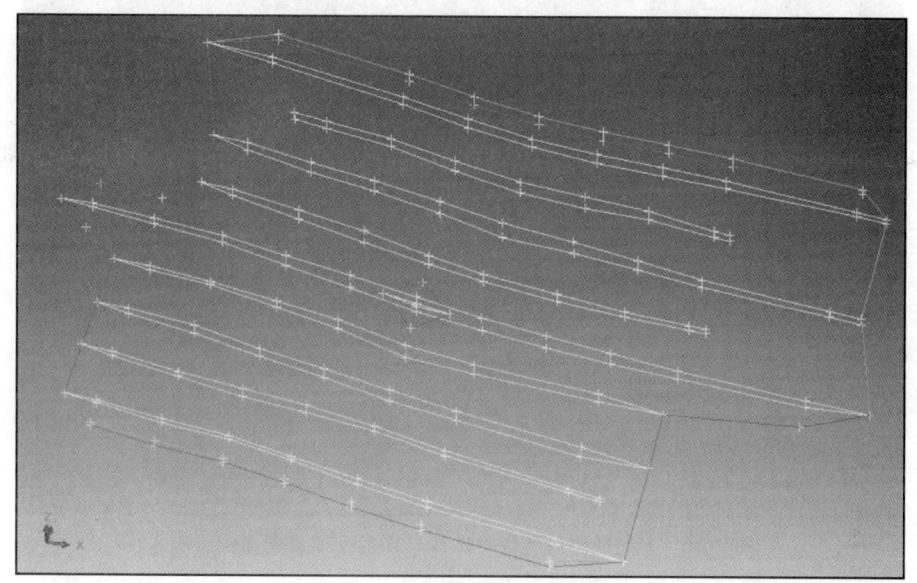

图 3-29　矿体边界线预览图

3. 建立矿体实体模型

本次以三角网化工具来介绍实体模型的创建，具体步骤如下。
（1）使用三角网化工具逐步创建实体模型（图 3-30）。

图 3-30　三角网化工具创建实体模型示意图

（2）在连接剖面间的实体模型时，在图 3-31 所示的储量级别较低的剖面上，可以忽略该剖面外推点（图 3-31）。

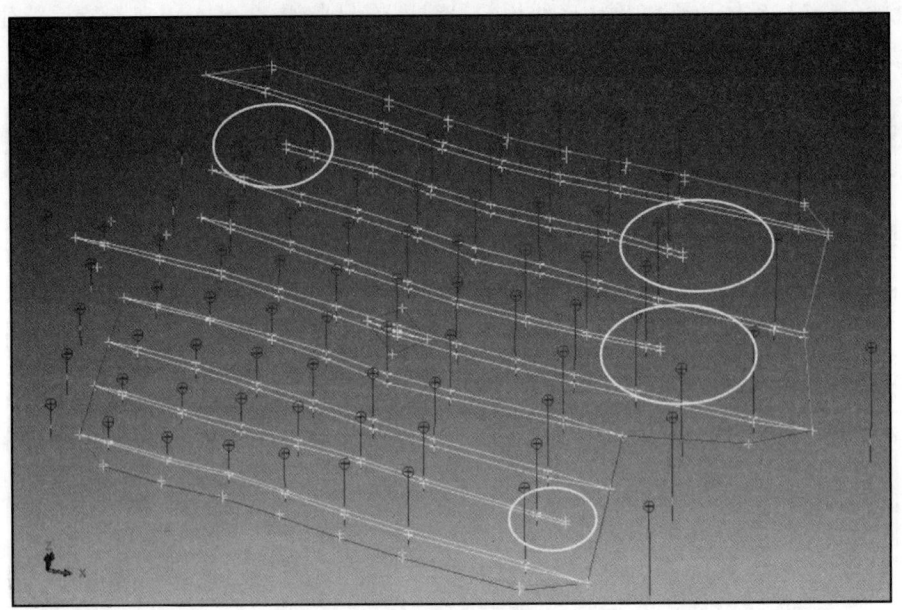

图 3-31 不同资源量类别对矿体局部实体模型创建的影响

(3)完成矿体模型后运行"实体模型→编辑三角网→重新编号"功能,将矿体模型的编号改为110号体1号网(图3-32)。

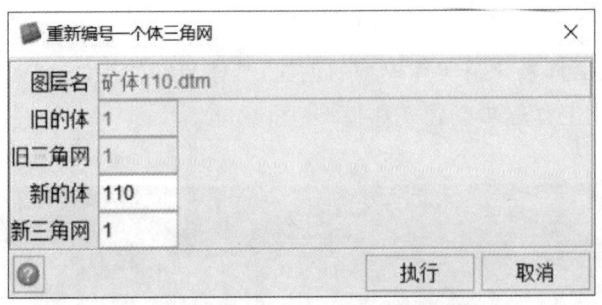

图 3-32 实体模型体号与三角网号设置

(4)更改矿体模型编号后可以使用"显示→隐藏 DTM 或实体"功能,隐藏建立好的矿体模型。然后使用三角网化工具建立夹石模型,并将夹石设置成110号体2号网。

三、实习作业

(1)查阅《固体矿产地质勘查规范总则》(GB/T 13908—2020)、《固体矿产资源量估算规程 第一部分:通则》(DZ/T 0338.1—2020)、《固体矿产资源量估算规程 第三部分:地质统计学》(DZ/T 0338.3—2020),掌握矿体圈定的规范要求。

(2)查看实体模型的参数信息,包括空间位置、体积、表面积等。

(3)利用实体模型中显示工具给实体模型着色。

(4)对比分析 Surpac 软件中自动创建实体模型功能与三角网化工具的差异。

四、实习拓展

(1)在本实习案例中,为什么连接矿体资源储量类别边界线时会跨过有些勘探线上的剖面?

(2)结合本实习案例,假如存在矿体被成矿期后断层错断的情况,会对矿体圈定带来什么影响?

实习四　钻孔数据提取及样品组合

一、实习要求

(一)目的要求

(1)熟悉数据库模块功能,开展数据提取与统计分析。
(2)掌握特高品位处理及合理性检验方法。
(3)了解样品组合原理及操作过程。

(二)实习资料

(1)钻孔地质数据库。
(2)矿体实体模型。

二、实习内容

该实习分为4个方面开展:①数据提取;②统计分析;③特高品位处理;④样品组合。

1. 数据提取

1)提取样品表中数据

(1)连接地质数据库,运行"数据库→数据提取→样品表数据"功能,如图4-1所示填写相关信息。

样品点位置:会在间隔型表中的样品底部、地质工程的起始位置生产点(孔口)中间、顶部记录提取的数据信息,通常选择"中间"。

实习四 钻孔数据提取及样品组合

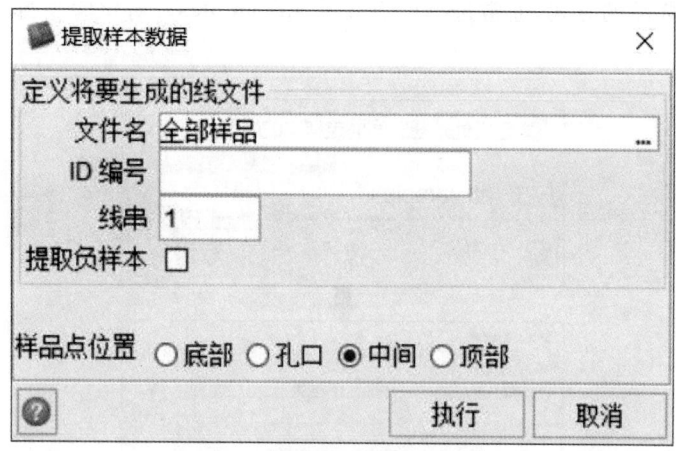

图 4-1 数据提取参数定义界面

提取负样本:在建立地质数据库时会将一些无结果的样品以赋值为－99 的方式记录在化验表中,如果勾选"提取负样本"就会把这些样品信息提取出来,如果不勾选该样品则会被忽略。

(2)选择化验表后,在弹出的窗口中选择如图 4-2 和图 4-3 中的信息。

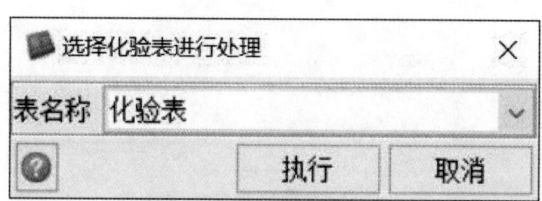

图 4-2 导出选择数据表

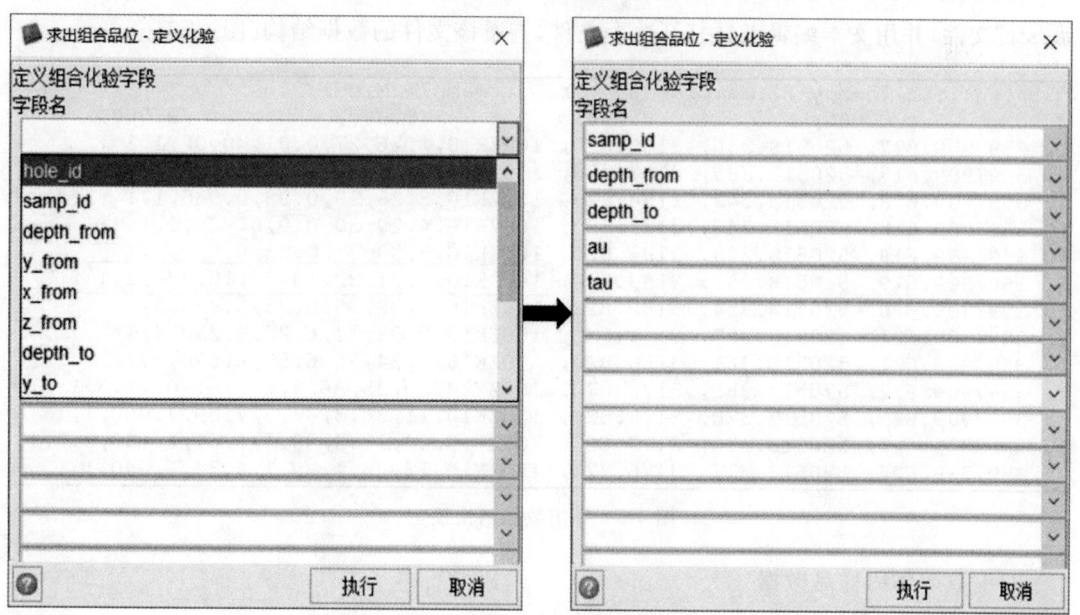

图 4-3 导出选择数据属性

· 39 ·

(3)选择处理样品的方式,通常选择所有样品 all samples。对化验表与 collar 表不进行任何约束(图 4-4)。

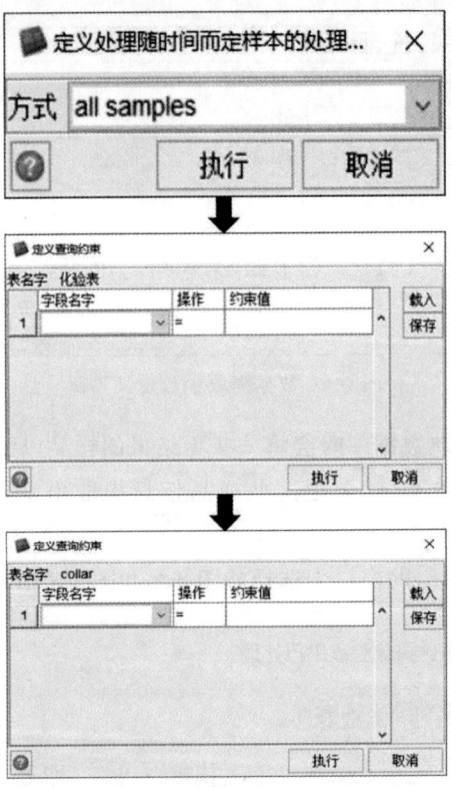

图 4-4 定义导出数据约束条件

(4)执行后会在工作目录下生成"全部样品.str"线文件,可在文件导航器中找到"全部样品.str"文件,并用文本编辑工具打开这个文件,查看该文件的数据结构(图 4-5)。

```
全部样品.str,25-May-22,Sample data YXZ at Sample Middl,
0,          0.000,         0.000,         0.000,         0.000,
1, 3597909.617, 520518.336, 3188.820, 100ZK10,1,26,27,0.01,<0.02,1,1
1, 3597909.617, 520518.339, 3187.820, 100ZK10,2,27,28,,N/A,1,1
1, 3597909.618, 520518.342, 3186.820, 100ZK10,3,28,29,0.93,0.930,1,1
1, 3597909.618, 520518.345, 3185.820, 100ZK10,4,29,30,0.9,0.900,1,1
1, 3597909.619, 520518.348, 3184.820, 100ZK10,5,30,31,0.83,0.830,1,1
1, 3597909.619, 520518.351, 3183.820, 100ZK10,6,31,32,10.37,10.370,1,1
1, 3597909.620, 520518.354, 3182.820, 100ZK10,7,32,33,5.83,5.830,1,1
1, 3597909.621, 520518.358, 3181.820, 100ZK10,8,33,34,6.25,6.250,1,1
1, 3597909.621, 520518.361, 3180.820, 100ZK10,9,34,35,6.59,6.590,1,1
1, 3597909.622, 520518.365, 3179.670, 100ZK10,10,35,36.3,6.9,6.900,1.3,1
1, 3597909.623, 520518.370, 3178.520, 100ZK10,11,36.3,37.3,7.09,7.090,1,1
1, 3597909.623, 520518.373, 3177.620, 100ZK10,12,37.3,38.1,6.64,6.640,0.8,1
1, 3597909.624, 520518.377, 3176.720, 100ZK10,13,38.1,39.1,6.34,6.340,1,1
```

图 4-5 导出数据结构预览

2)提取矿体内样品数据

(1)创建数据表。

①在地质数据库中新建一个数据表用于记录钻孔工程与矿体相交的信息。运行"数据库→数据库管理→创建数据表"功能,建立一个钻孔与矿体相交的间隔表(图 4-6)。

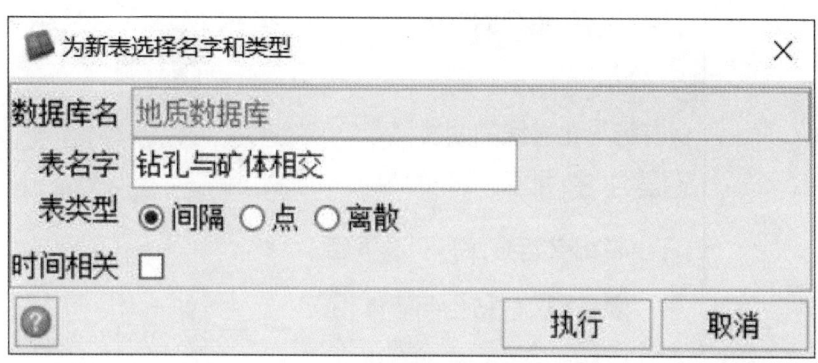

图 4-6　创建数据表界面

②定义一个选项字段"地质带名称",这个字段会记录钻孔与矿体相交的信息。将字段长度设置为 20,原因是在本实例中矿体内含夹石,在后续的运算中 Surpac 软件会在夹石区域额外添加"void_"信息,使字段信息数据变长(图 4-7)。

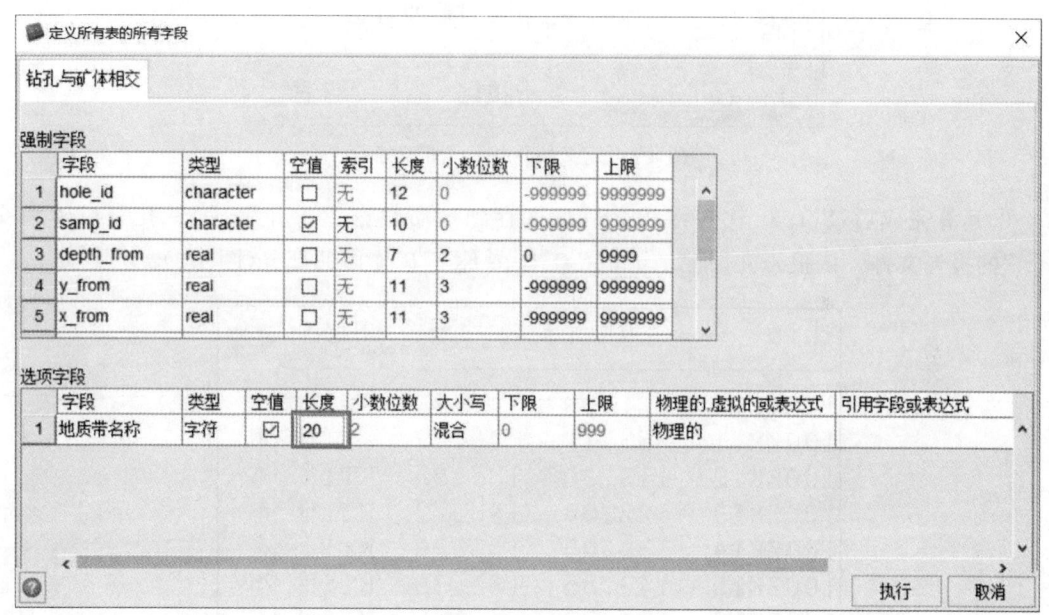

图 4-7　定义地质带名称界面

(2)标识钻孔见矿部位。

①打开"矿体 110.dtm",运行"数据库→分析→钻孔与 3dm 相交"功能,对 collar 不进行约束,按图 4-8 中信息输入内容。

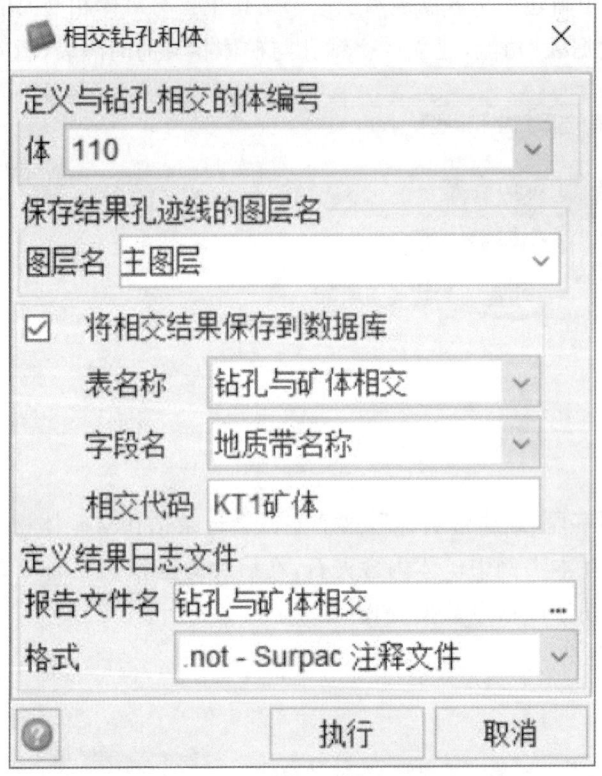

图 4-8 定义钻孔与矿体相交表

②运算完成后,Surpac 软件将相交信息保存到地质数据库中并生成"钻孔与矿体相交.not"的报告文件。该报告文件记录了钻孔工程在 KT1 矿体内的部分(图 4-9)。

```
孔id        深度自    深度至    相交代码
------------------------------------
100ZK10     31.00     40.20    KT1矿体
100ZK11     55.12     70.78    KT1矿体
100ZK12    118.30    137.95    KT1矿体
100ZK13    122.08    140.72    KT1矿体
100ZK14    138.05    155.20    KT1矿体
100ZK15    149.35    161.35    KT1矿体
100ZK19     71.33     91.5     KT1矿体
100ZK22    169.53    179.42    KT1矿体
100ZK3      31.81     37.81    KT1矿体
100ZK4      39.92     50.92    KT1矿体
100ZK5      91.58    102.07    KT1矿体
100ZK5     106.57    115.57    KT1矿体
103ZK10     68.31     82.19    KT1矿体
103ZK11     92.81    112.00    KT1矿体
```

图 4-9 钻孔与矿体相交报告预览

③运行"数据库→编辑→查看表"功能,选择"钻孔与矿体相交"。在弹出的表格中可看到已经将钻孔见矿部位区间写入了"KT1矿体",矿体夹石区间写入了"void_ KT1矿体"(图4-10)。

	hole_id	samp_id	depth_from	y_from	x_from	z_from	depth_to	y_to	x_to	z_to	地质带名称
1	100ZK10		31.00	3597909.6...	520518.350	3184.320	40.20	3597909.6...	520518.383	3175.120	KT1矿体
2	100ZK11		55.12	3597910.7...	520679.399	3152.642	70.78	3597910.7...	520679.158	3136.984	KT1矿体
3	100ZK12		118.30	3597909.5...	520920.187	3097.608	137.95	3597909.3...	520920.547	3077.963	KT1矿体
4	100ZK13		122.08	3597908.4...	521000.148	3084.929	140.72	3597907.9...	521000.520	3066.298	KT1矿体
5	100ZK14		136.05	3597911.3...	521079.548	3068.503	155.20	3597911.5...	521079.100	3051.360	KT1矿体
6	100ZK15		149.35	3597909.2...	521162.169	3057.057	161.35	3597908.7...	521162.318	3045.070	KT1矿体
7	100ZK19		71.32	3597910.0...	520756.433	3136.232	91.49	3597910.2...	520758.310	3116.064	KT1矿体
8	100ZK22		169.53	3597910.5...	521320.690	3036.395	179.42	3597910.4...	521320.658	3026.505	KT1矿体
9	100ZK3		31.81	3597909.4...	520441.430	3194.240	37.81	3597909.4...	520441.430	3188.240	KT1矿体
10	100ZK4		39.92	3597913.3...	520601.320	3168.660	50.92	3597913.3...	520601.320	3157.660	KT1矿体
11	100ZK5		91.57	3597910.8...	520840.509	3115.377	102.07	3597911.0...	520840.547	3104.879	KT1矿体
12	100ZK5		102.07	3597911.0...	520840.547	3104.879	106.57	3597911.1...	520840.547	3100.380	void_KT1矿体
13	100ZK5		106.57	3597911.1...	520840.565	3100.380	115.57	3597911.3...	520840.603	3091.383	KT1矿体
14	103ZK10		68.31	3597829.4...	520760.530	3137.948	82.19	3597829.1...	520760.438	3124.072	KT1矿体
15	103ZK11		92.81	3597828.3...	520842.731	3113.445	112.00	3597828.3...	520842.671	3094.256	KT1矿体
16	103ZK12		128.76	3597829.7...	521080.053	3076.987	141.26	3597829.8...	521079.876	3064.469	KT1矿体
17	103ZK3		32.73	3597830.8...	520528.428	3180.720	39.44	3597830.8...	520528.378	3174.010	KT1矿体
18	103ZK4		39.69	3597832.0...	520602.507	3167.880	44.69	3597832.0...	520602.530	3162.880	KT1矿体
19	103ZK5		53.25	3597830.0...	520684.897	3153.420	62.95	3597830.1...	520684.888	3143.720	KT1矿体
20	103ZK6		109.22	3597829.6...	520926.803	3096.565	124.21	3597829.7...	520926.466	3081.580	KT1矿体
21	104ZK10		73.81	3597990.5...	520760.010	3134.856	92.28	3597990.8...	520760.153	3116.388	KT1矿体

图4-10 钻孔与矿体相交表结果预览

3)提取KT1矿体内的样品

(1)运行"数据库→数据提取→地质表数据"功能,在弹出的对话框中按图4-11中信息输入。

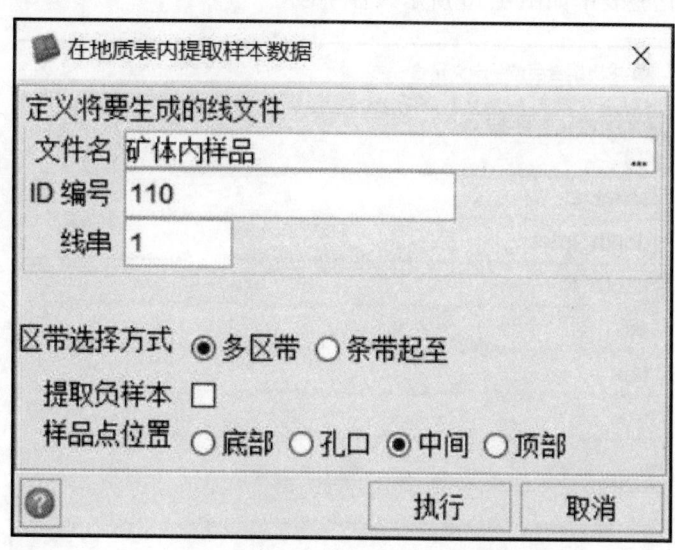

图4-11 在地质表内提取样本数据界面

注意以下几个方面。

多区带:根据选择的标识值提取样品信息。例如根据标识值"KT1 矿体"来提取对应样品信息,本实例中选择多区带。

条带起至:从一个标识的顶部或底部到另一个标识的顶部或底部这个区间提取样品信息,例如存在 KT1、KT2、KT3、…、KT9 等矿体的标识值,可利用此功能提取 KT3 底部到 KT9 顶部间的样品信息。

提取负样本:在建立地质数据库时会将一些无结果的样品以赋值−99 的方式记录在化验表中,如果勾选"提取负样本"就会把这些样品信息提取出来,如果不勾选该样品则会被忽略。

(2)在弹出的窗口中输入地质带的标识值"KT1 矿体"(图 4-12)。

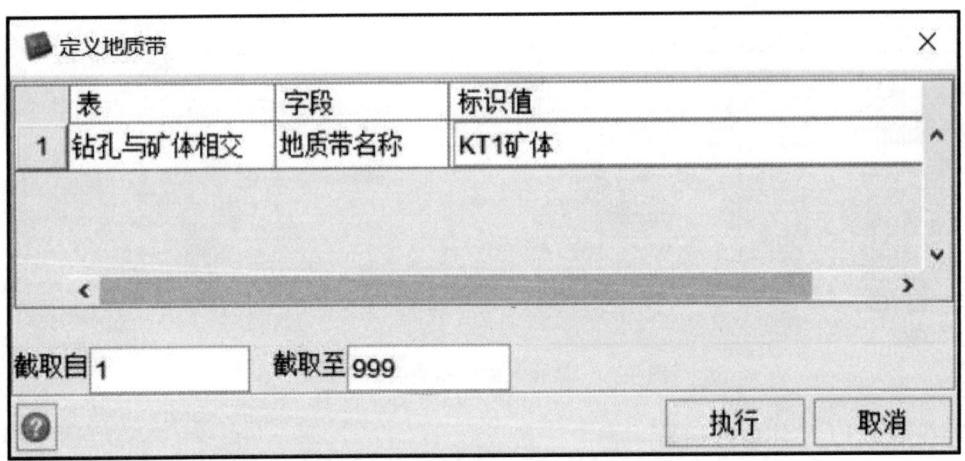

图 4-12　输入提取矿体内样品标识值

(3)选择提取化验表中如图 4-13 所示属性字段。

图 4-13　提取化验表中属性字段界面

(4)对所有样本进行处理,不约束化验表与 collar 表(图 4-14)。

(5)提取完成后,在工作目录下生成"矿体内样品 110.str"文件,可在文件导航器中找到并用文本编辑工具打开这个文件,查看其数据结构。

(6)显示数据库并打开线文件显示点标记,通过观察可以看到生成的点在样品中点。

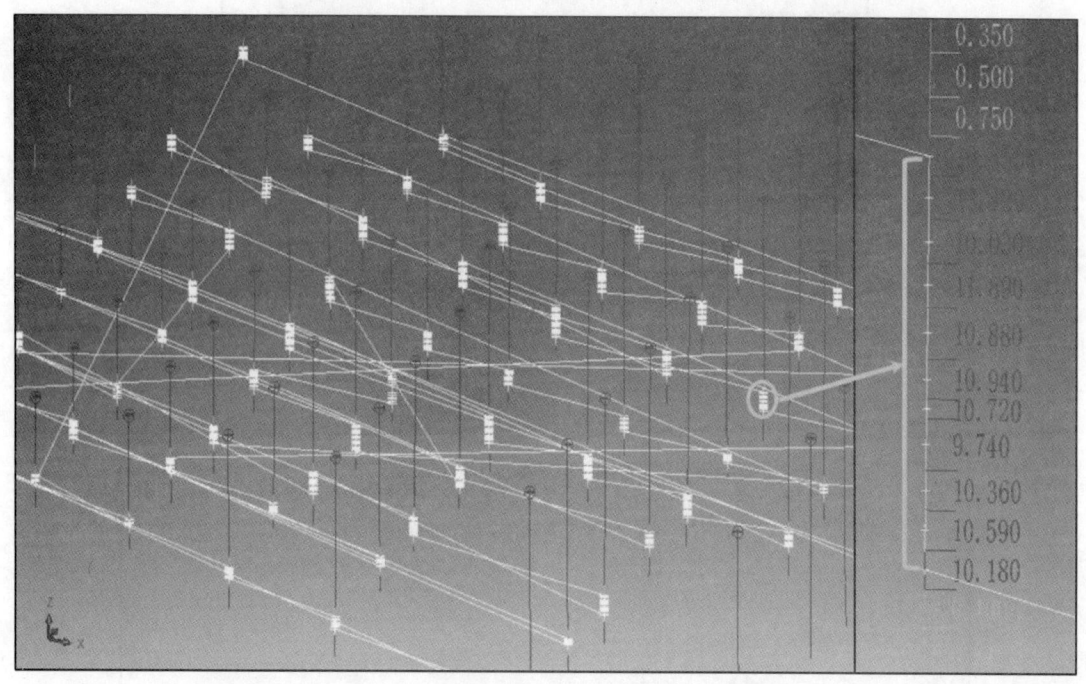

图 4-14　生成 KT1 矿体内样品数据点结果预览

2. 统计分析

1)样长基本统计

统计全区样品样长,以确定后续估值所需组合样长。

(1)运行"地质数据库→分析→基础统计"功能打开统计窗口,运行"文件→从线文件导入数据"功能,选择全部样品.str 线文件。通过查明线文件中样长属性字段为 D7,故选择 D7 进行统计分析(图 4-15)。

(2)执行后,可选择如直方图、柱状图、频率分布曲线等多种方式查看样长的分布(图 4-16)。

(3)运行"统计→报告"功能对样长信息进行保存输出(图 4-17)。

(4)查看报告结果,可在文件导航器中用文本编辑工具打开文件进行查看,结果显示样长的均值是 1.039m,绝大多数是 1m,因此后续可将组合样长定为 1m,为后续样品组合工作提供依据。

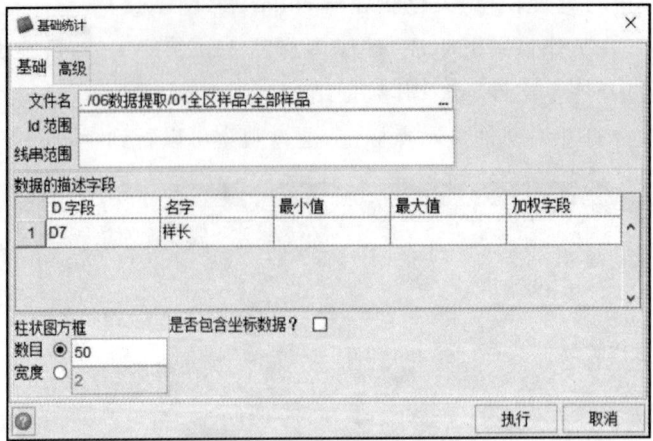

图 4-15 基础统计分析界面

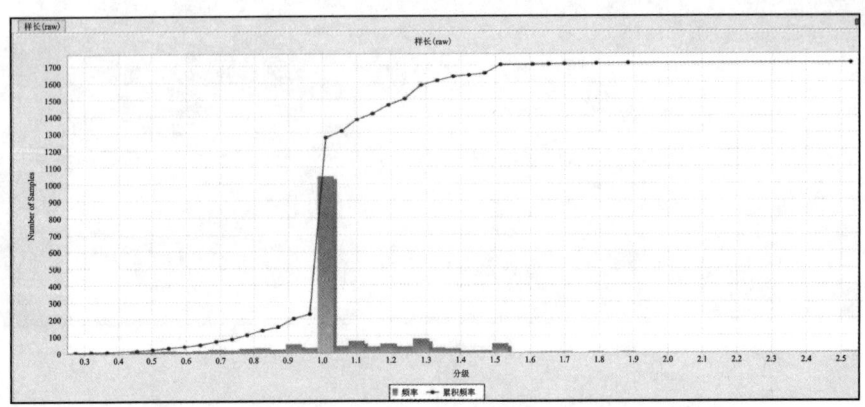

图 4-16 样长直方图

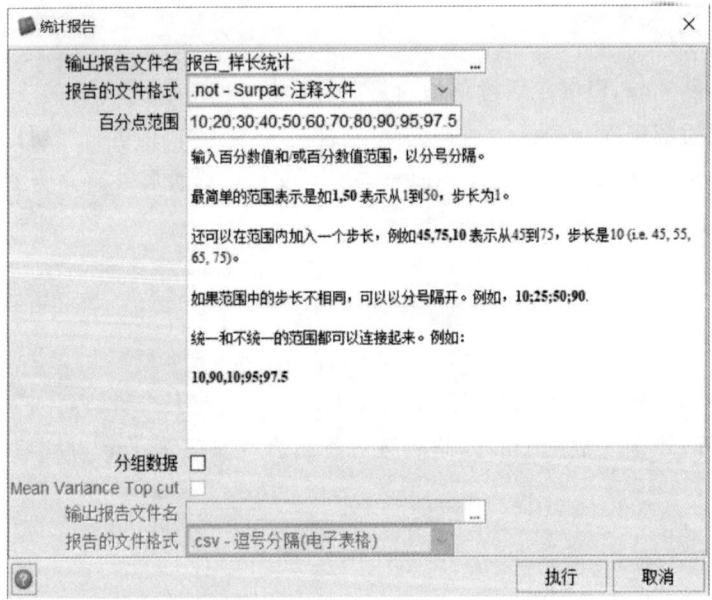

图 4-17 保存样长统计报告

2)矿体内品位统计

(1)运行"地质数据库→分析→基础统计"功能打开统计窗口,运行"文件→从线文件导入数据"功能,选择矿体内样品.str 线文件(图 4-18)。通过查明线文件中 au 属性字段为 D5,故选择 D5 进行统计分析。

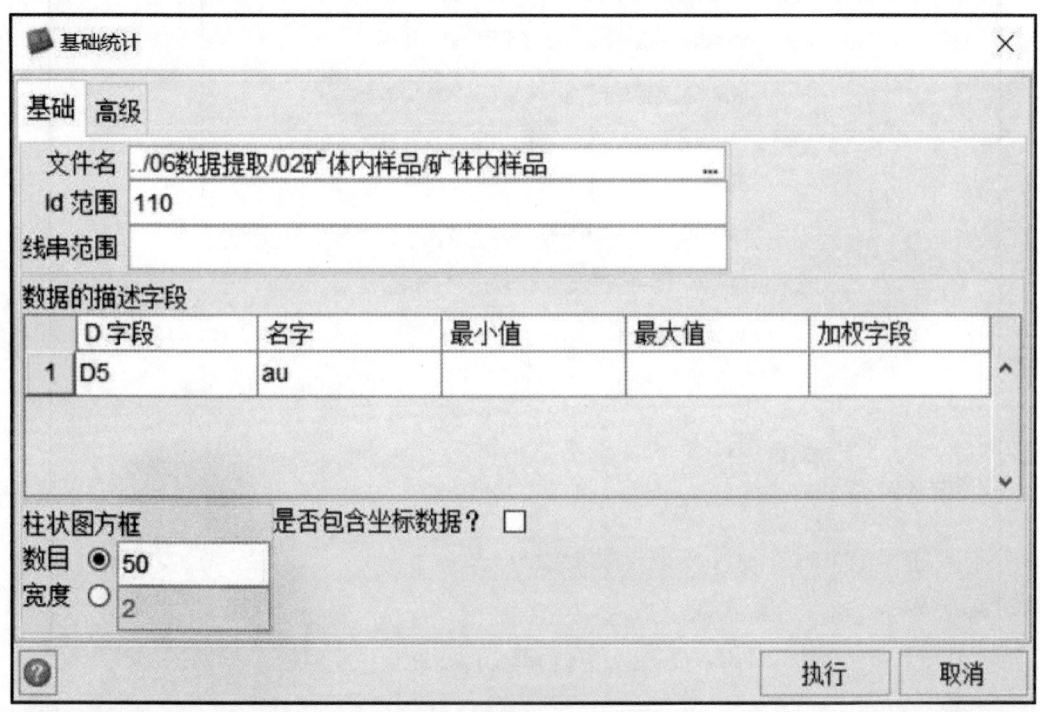

图 4-18　基础统计分析界面

(2)本实例有特异值的存在,可观察到品位分布区间较大(图 4-19)。

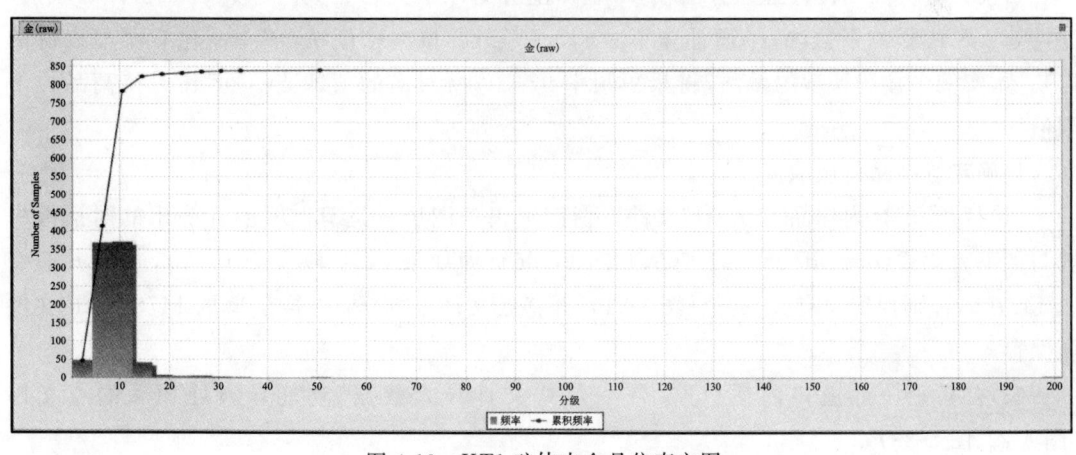

图 4-19　KT1 矿体内金品位直方图

(3)运行"统计→报告"功能对金品位统计结果进行保存输出(图 4-20)。

查看统计报告文件,为后续特高品位处理工作提供依据。

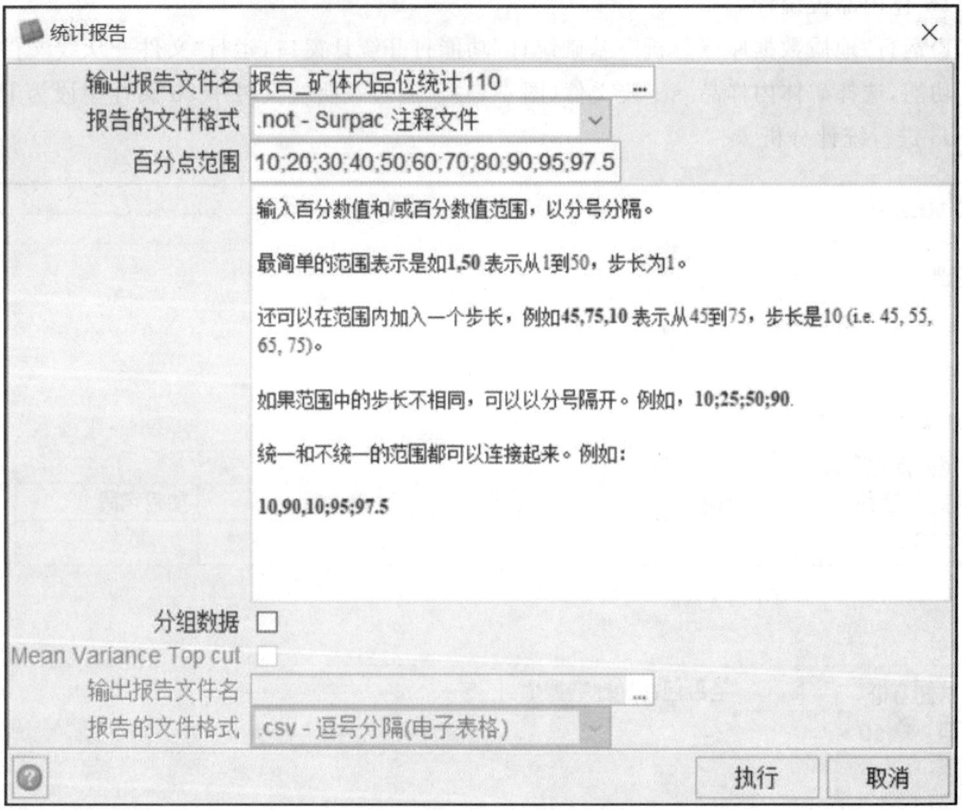

图 4-20　保存 KT1 矿体内金品位统计报告

3. 特高品位处理

目前针对特高品位处理的方法较多,主体上分为以下几种:①分位数法;②估计邻域法;③均值±Kd、影响系数法;④累计频率法(97.5%);⑤概率密度法(斜率变化有明显离群的点)。本实例中按统计学的做法,将累积频率 97.5% 所对应的值即 14.705 作为特高品位下限值。

1)确定特高品位截取值

(1)打开"矿体内样品 110.str"文件,运行"编辑→图层→运算"功能,在弹出的对话框中填写如下表达式:d5=iif(d5>14.705,14.705,d5),即如果 d5 字段大于 14.705 就将其值变成 14.705,否则保留原有 d5 的值(图 4-21),并将线文件以"矿体内样品_截取 14705.str"文件名保存。

(2)在基础统计窗口内通过"文件→从线文件导入数据"功能导入处理后的线文件(图 4-22、图 4-23)。

(3)运行"统计→报告"功能对特高品位处理后的金品位统计结果进行保存输出(图 4-24)。

(4)查看报告文件,判定均值和 Sichel-t 值的关系,均值小于 Sichel-t 值时,表明处理结果合理。本实例处理后的均值为 8.526,小于 Sichel-t 值(8.631),表明本次处理结果较为合理。

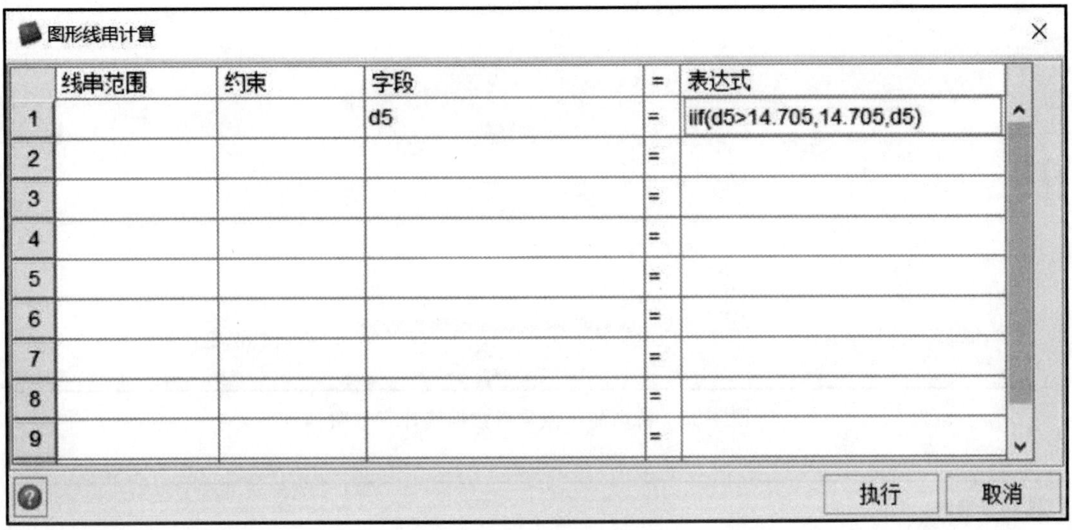

图 4-21 数据逻辑运算界面

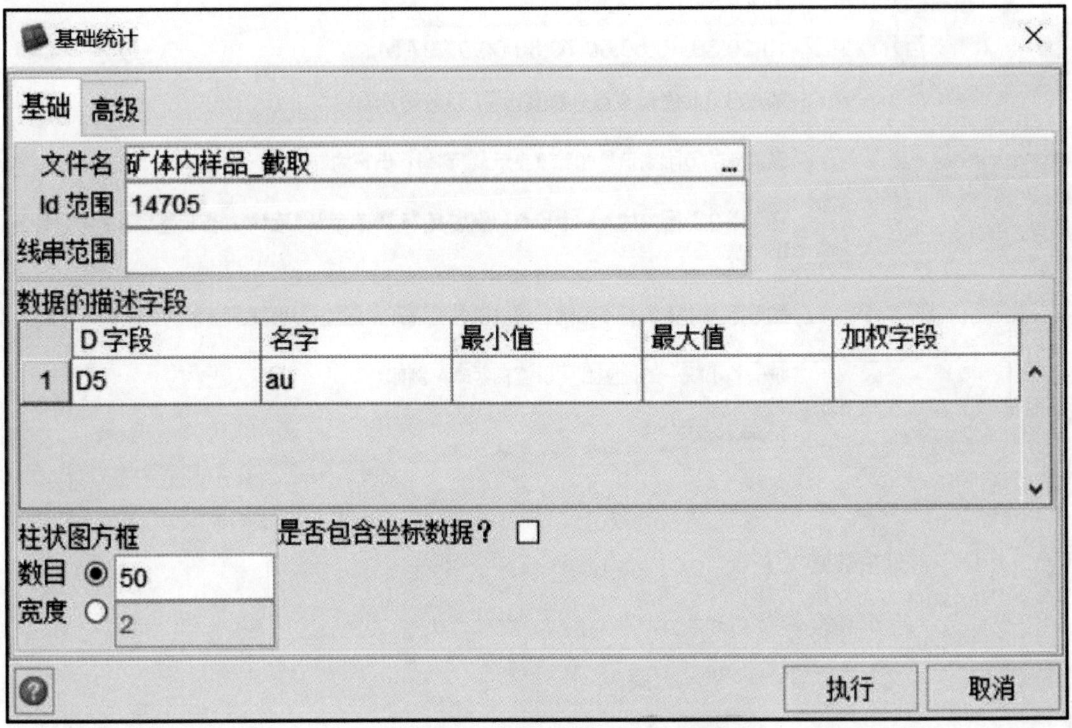

图 4-22 特高品位截取后数据统计分析

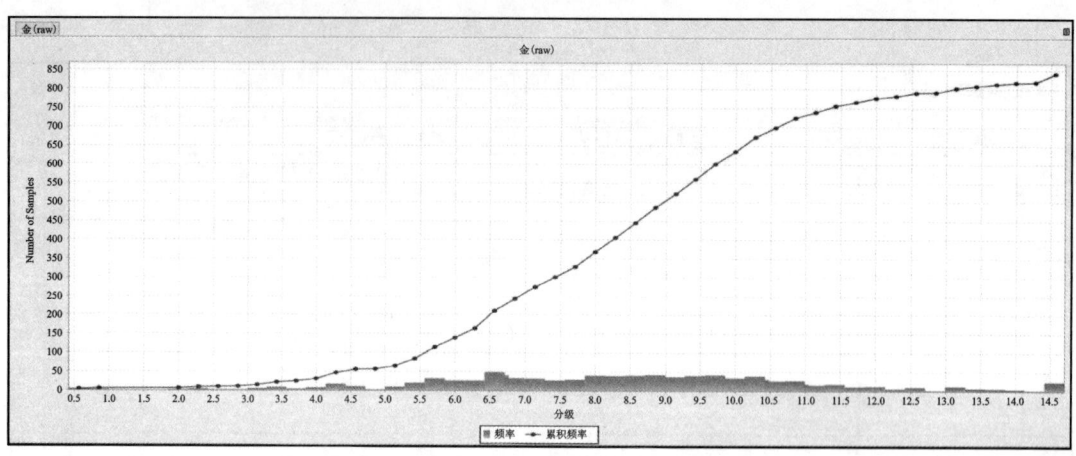

图 4-23　特高品位截取后数据统计直方图

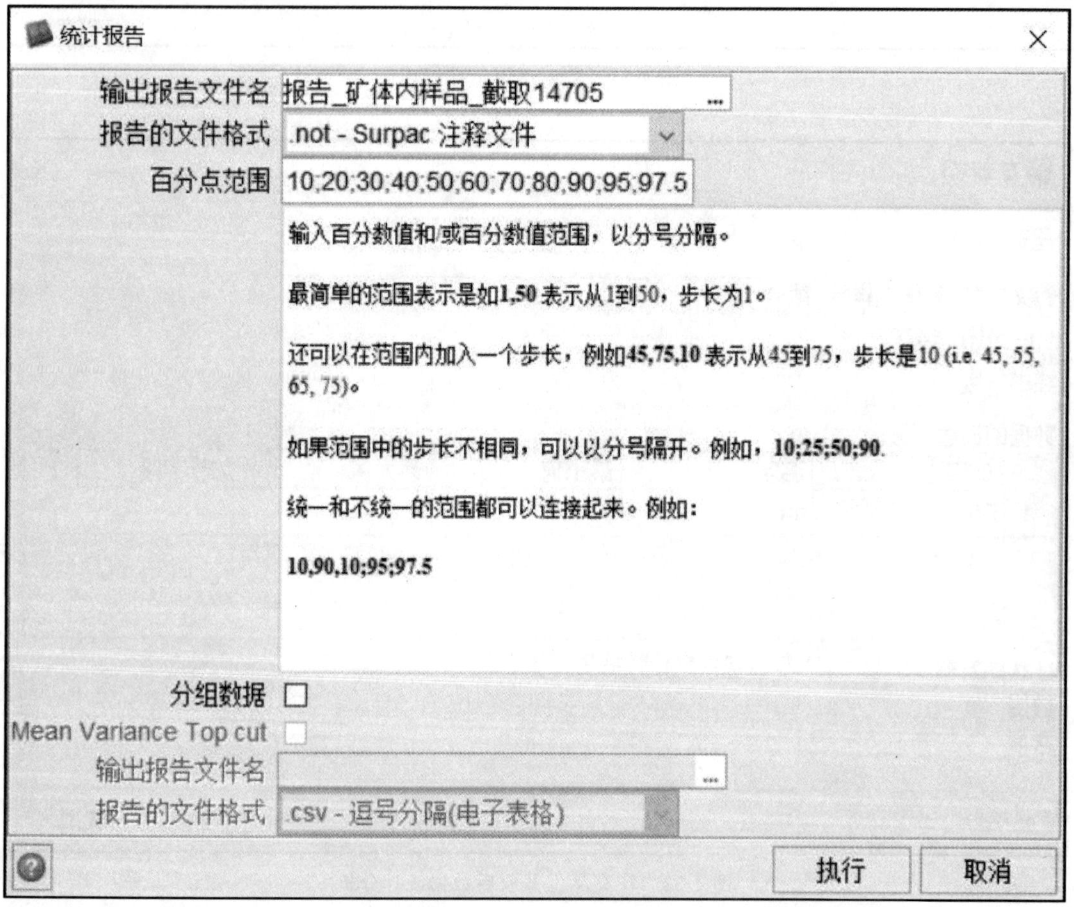

图 4-24　保存结果报告

2)处理特高品位

确定特高品位的截取值为 14.705 后,按照该值在地质数据库中对化验表中金品位进行处理并保存。

(1)使用"数据库→数据库→数据库管理→创建字段"功能,按照图 4-25 所示在化验表中添加 au_cut 字段来存储处理后的数据。

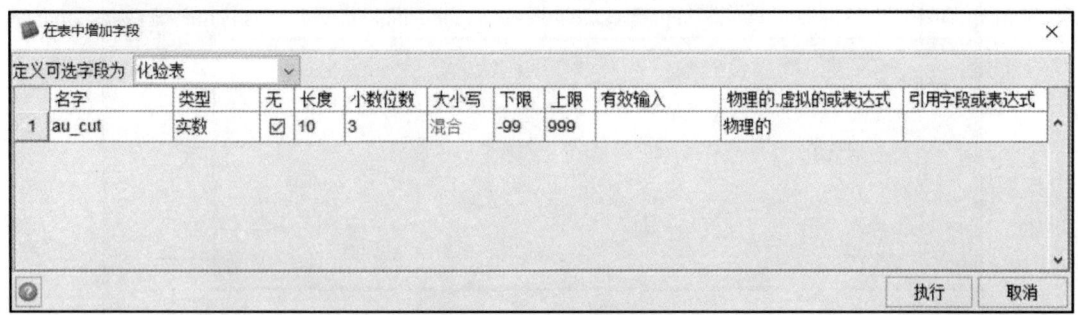

图 4-25 数据库中新增字段属性定义

(2)运行"数据库→编辑→字段运算"功能,按图 4-26 所示填入表达式 au_cut=iif(au>14.705,14.705,au)。

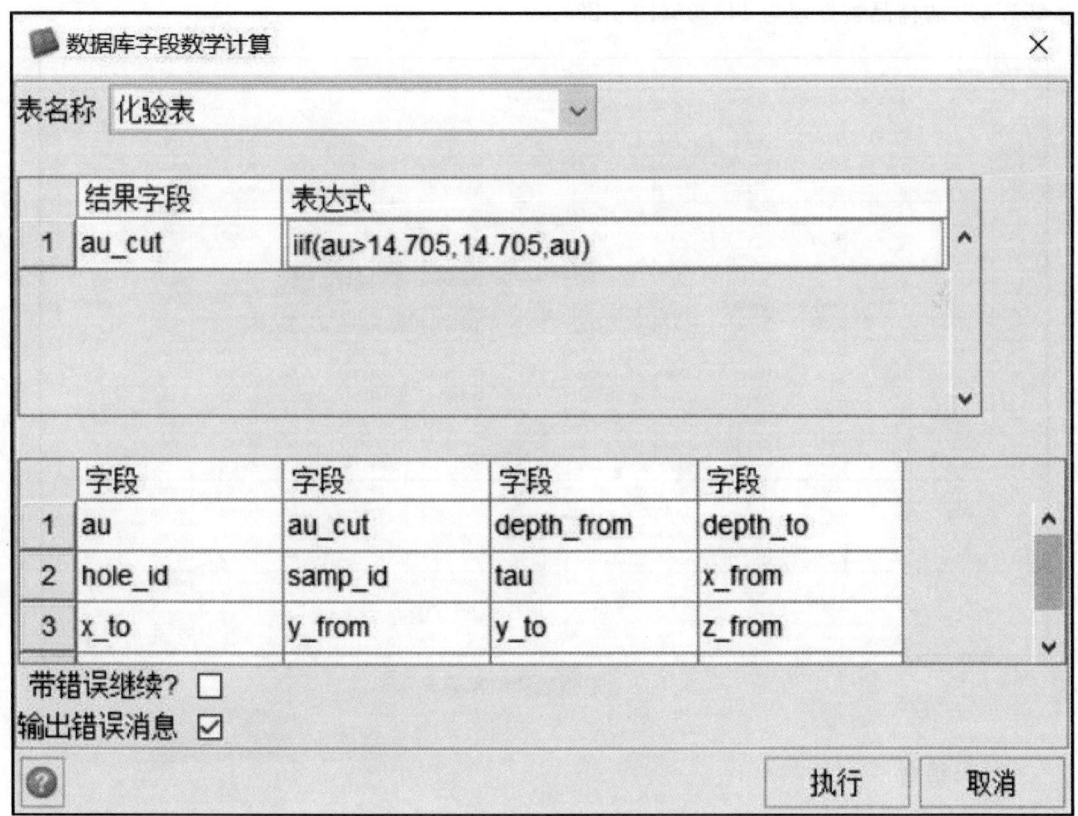

图 4-26 数据逻辑运算界面

(3)不约束化验表中的信息(图 4-27)。

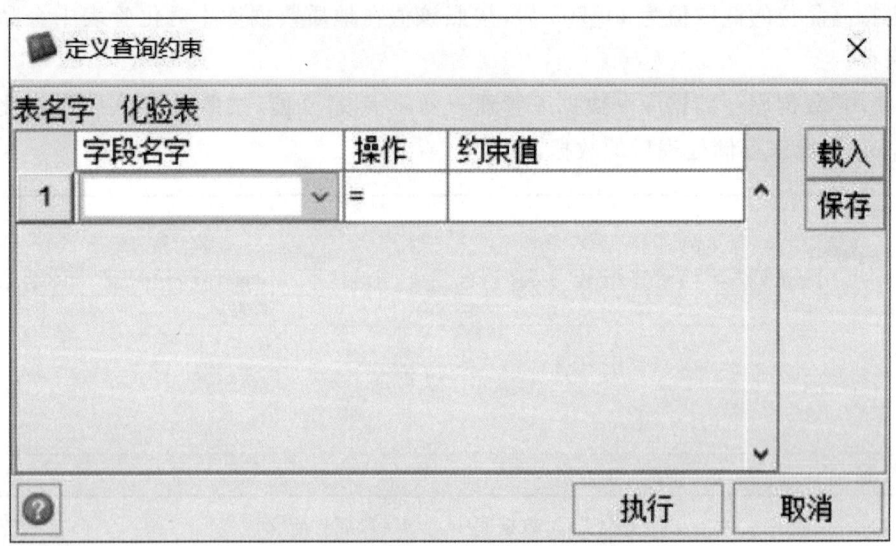

图 4-27 数据逻辑运算约束界面

(4)运行"数据库→编辑→查看表"功能,选择"化验表",查看处理结果,可发现金品位值为 201.390 的样品被处理为 14.705(图 4-28)。

	hole_id	samp_id	depth_from	y_from	x_from	z_from	depth_to	y_to	x_to	z_to	au	tau	au_cut
19	100ZK10	19	44.09	3597909.6...	520518.400	3171.230	44.95	3597909.6...	520518.404	3170.370	0.380	0.380	0.380
20	100ZK10	20	44.95	3597909.6...	520518.404	3170.370	45.80	3597909.6...	520518.408	3169.520	0.660	0.660	0.660
21	100ZK11	1	49.12	3597910.7...	520679.475	3158.641	50.12	3597910.7...	520679.463	3157.641	0.570	0.570	0.570
22	100ZK11	2	50.12	3597910.7...	520679.463	3157.641	51.12	3597910.7...	520679.451	3156.641	0.540	0.540	0.540
23	100ZK11	3	51.12	3597910.7...	520679.451	3156.641	52.12	3597910.7...	520679.438	3155.641	0.450	0.450	0.450
24	100ZK11	4	52.12	3597910.7...	520679.438	3155.641	53.12	3597910.7...	520679.426	3154.641	0.200	0.200	0.200
25	100ZK11	5	53.12	3597910.7...	520679.426	3154.641	54.12	3597910.7...	520679.412	3153.642	0.330	0.330	0.330
26	100ZK11	6	54.12	3597910.7...	520679.412	3153.642	55.12	3597910.7...	520679.399	3152.642	0.920	0.920	0.920
27	100ZK11	7	55.12	3597910.7...	520679.399	3152.642	56.12	3597910.7...	520679.386	3151.642	10.000	10.000	10.000
28	100ZK11	8	56.12	3597910.7...	520679.386	3151.642	57.12	3597910.7...	520679.372	3150.642	11.730	11.730	11.730
29	100ZK11	9	57.12	3597910.7...	520679.372	3150.642	58.12	3597910.7...	520679.358	3149.642	10.050	10.050	10.050
30	100ZK11	10	58.12	3597910.7...	520679.358	3149.642	59.12	3597910.7...	520679.343	3148.642	11.920	11.920	11.920
31	100ZK11	11	59.12	3597910.7...	520679.343	3148.642	60.12	3597910.7...	520679.329	3147.642	8.460	8.460	8.460
32	100ZK11	12	60.12	3597910.7...	520679.329	3147.642	61.12	3597910.7...	520679.314	3146.642	8.300	8.300	8.300
33	100ZK11	13	61.12	3597910.7...	520679.314	3146.642	61.78	3597910.7...	520679.304	3145.982	8.840	8.840	8.840
34	100ZK11	14	61.78	3597910.7...	520679.304	3145.982	62.74	3597910.7...	520679.290	3145.022	201.390	201.390	14.705
35	100ZK11	15	62.74	3597910.7...	520679.290	3145.022	63.78	3597910.7...	520679.273	3143.983	8.430	8.430	8.430
36	100ZK11	16	63.78	3597910.7...	520679.273	3143.983	64.78	3597910.7...	520679.258	3142.983	10.160	10.160	10.160
37	100ZK11	17	64.78	3597910.7...	520679.258	3142.983	65.78	3597910.7...	520679.242	3141.983	9.230	9.230	9.230
38	100ZK11	18	65.78	3597910.7...	520679.242	3141.983	66.78	3597910.7...	520679.226	3140.983	10.190	10.190	10.190
39	100ZK11	19	66.78	3597910.7...	520679.226	3140.983	67.78	3597910.7...	520679.209	3139.983	10.380	10.380	10.380

图 4-28 逻辑运算结果表显示

4. 样品组合

至此,我们已经完成数据库创建与剖面地质解译工作,下一步要将数据库中金品位提取出来,并保存在线文件内,为后续块体属性插值及资源量估算等提供基础数据。

样品组合的含义是通过一些数学方法将空间不等长的样长和品位量化到一些均匀等距的离散点上,除了三维坐标外,其描述字段中存放该点最有可能的品位值。

组合的方式有多种,但是只有根据勘探工程和台阶高程两种方式才能够沿工程的方向上产生均匀等距离的离散点,从而才可进行地质统计分析和块体模型估值。

1)样品组合原理

样品组合一般采用长度加权法进行,如存在 4 个不等长的样品,l_1、l_2、l_3、l_4 为样品样长,g_1、g_2、g_3、g_4 为对应的样品品位(图 4-29)。

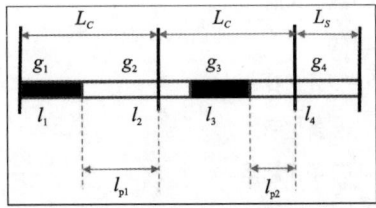

图 4-29　样品组合原理示意图

沿工程方向上将样品组合成等长的样品,L_c 为组合长度,L_s 为组合后剩余的样品。

那么组合后第一段样品 S_1 的品位值为:

$$\overline{g_{S_1}} = \frac{l_1 * g_1 + l_{p1} * g_2}{L_{c1}}$$

第二段样品 S_2 的品位值为:

$$\overline{g_{S_2}} = \frac{(l_2 - l_{p1}) * g_2 + l_3 * g_3 + l_{p2} * g_4}{L_{c2}}$$

第三段样品 S_3 的品位值为:

$$\overline{g_{L_{c3}}} = g_4$$

2)根据勘探工程组合

(1)运行"数据库→组合钻孔→根据勘探工程组合"功能,按图 4-30 中所示信息填写。

样品最小有效百分比:最后一个组合样的样长可能不足 1m,当最后一个组合样长度小于有效百分比时得到的样品点将记录在 2 号线内。本实例中,设最后的组合样长度小于 0.75m,将生成 2 号线记录最后组合样的信息。

多区带:根据选择的标识值提取样品信息,本实例中只组合矿体内样品。

贫化负样本:如果勾选负值样品会作为 0 值参与组合计算,不勾选则忽略。

需要组合的字段:选择 au_cut 字段名字,该字段记录的是经过特高品位处理后的品位信息。

(2)定义地质带,组合矿体内样品,通过钻孔与矿体相交表中的地质带名称来定位组合计算的区域(图 4-31)。

(3)不对 collar 表进行约束,执行后可得到线文件"根据勘探工程组合 110.str"(图 4-32),该文件是后续块体模型品位估值的基础数据源。

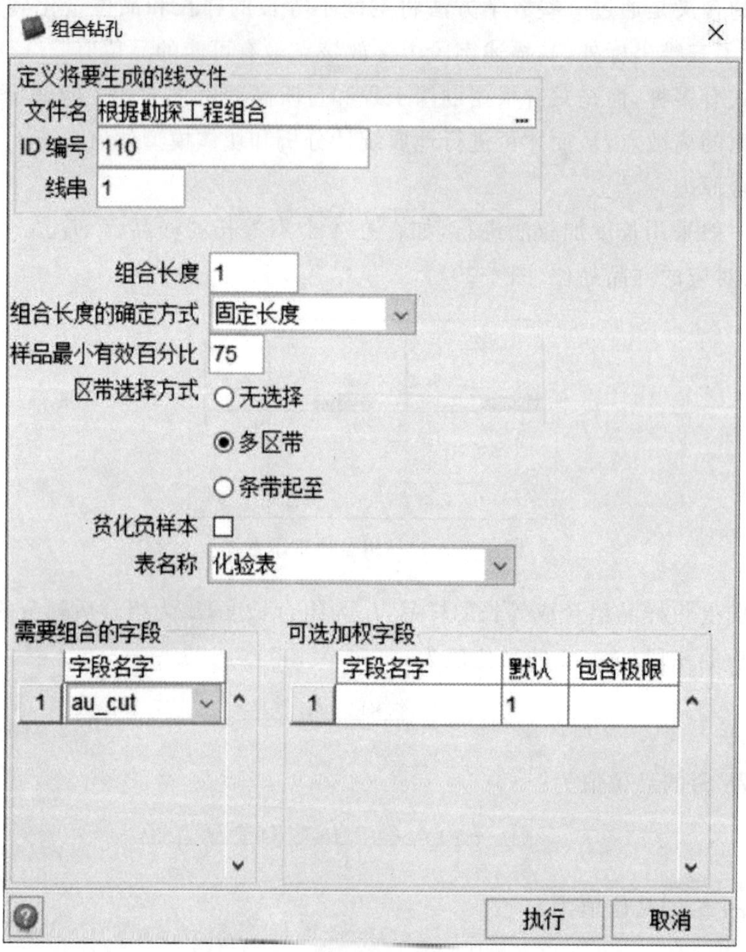

图 4-30　定义样品组合界面

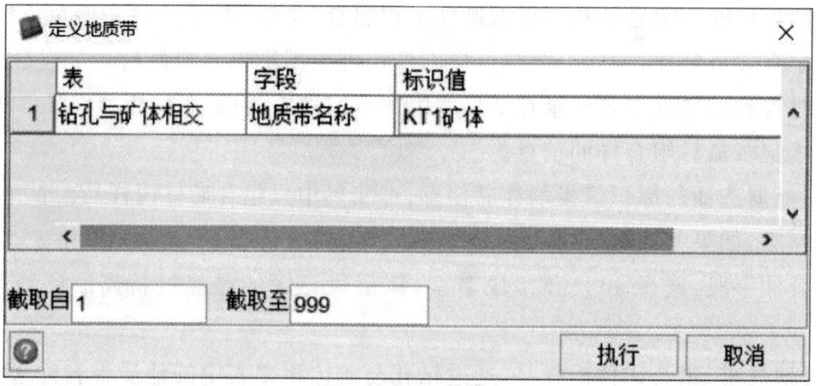

图 4-31　输入矿体内样品标识值

（4）用文本编辑工具打开线文件，查看线文件信息。

在文件导航器中利用文本编辑工具中打开查看该线文件，可以看到 D1 为 au_cut 品位，D2 为工程编号，D3 为 depth_from，D4 为 depth_to，D5 为空，D6 为组合样长度。在线文件下

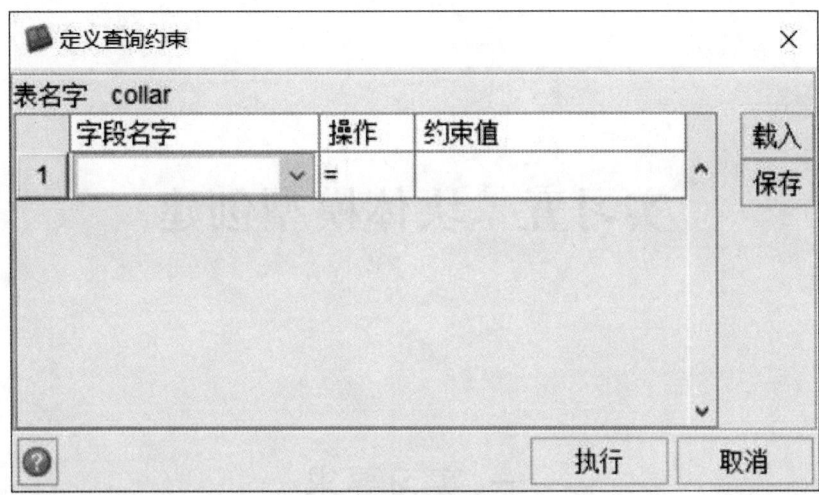

图 4-32 定义样品组合约束界面

方可以看到,长度大于 0.75m 的组合样被记录在 1 号线内,长度小于 0.75m 的组合样被记录在 2 号线内。

三、实习作业

(1)常用的特异值处理方法包括分位数法、估计邻域法、影响系数法、概率曲线法和累计频率分布曲线法等数理统计方法。除本实习所采用的方法外,对比分析分位数、概率曲线法处理特高值后样品组合结果。

(2)基于距离幂次反比法,分别利用原始品位数据组合与累计频率特异值处理后组合结果对矿体域内块体进行估值,并分析资源储量差异及原因。

四、实习拓展

(1)样品组合的意义是什么?
(2)不同样长对样品组合及资源储量估算结果有什么影响?

实习五　块体模型创建

一、实习要求

（一）目的要求

(1)熟悉块体模型构建方法。
(2)掌握块体模型属性创建。
(3)掌握约束条件的应用。
(4)掌握块体模型显示操作。

（二）实习资料

KT1矿体实体模型。

二、实习内容

1. 块体模型创建

块体模型是一种空间型的数据库，提供的是一种自点或间隔型数据（比如取样数据）来建立一个三维体模型的方式。它的目的就是存储相关地质信息，包括岩石类型、品位分布、比重（相对密度）等。储量计算的核心思想是将矢量实体进行空间离散化处理，使用一系列尺寸大小的块体对目标体进行形态或体积的重构，以达到对三维地质体内部属性进行空间量化处理与分析的目的。

(1)打开"矿体110.dtm"文件，运行"查询→报告层范围"功能，可得到矿体在空间的范围

(图 5-1)。建立的块体模型要能完全覆盖矿体模型。

报告: Y最小 = 3597548.432, Y最大 = 3598272.239, X最小 = 520402.916, X最大 = 521399.559
Z最小 = 3023.518, Z最大 = 3196.589

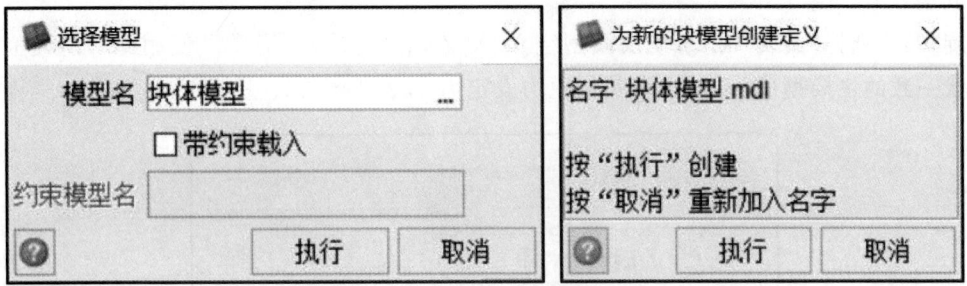

图 5-1　实体模型报告层范围查询结果

(2)运行“块体模型→块体模型→新建/打开”功能。定义模型名为“块体模型”(图 5-2)。

图 5-2　块体模型名称定义界面

(3)在弹出的对话框中输入如图 5-3 所示的各类参数信息,点击“执行”。

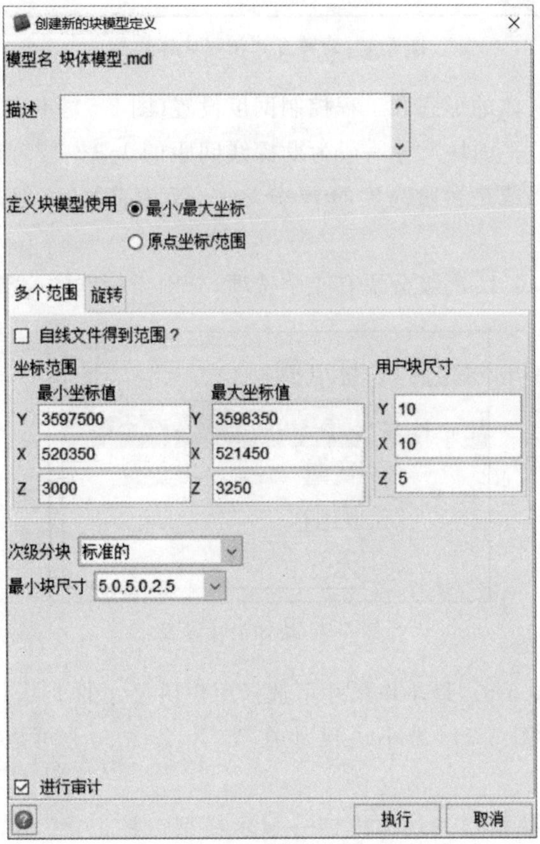

图 5-3　块体模型参数定义界面

定义块模型使用：定义块模型有两种方法，即最小/最大坐标和原点坐标/范围。通常情况下使用最小/最大坐标来定义块模型。

坐标范围：如果使用最小/最大坐标定义块模型，需要输入 Y、X、Z 坐标的最小值与最大值。如果使用原点坐标/范围定义块模型，需要输入 Y、X、Z 坐标最小值与沿各轴延伸方向上的范围长度。最小/最大坐标与原点坐标/范围可相互转换。本实例中输入坐标最小值：Y＝3597500、X＝520350、Z＝3000，最大值：Y＝3598350、X＝521450、Z＝3250，最小值和最大值一般取整。

旋转：当选择"旋转"时，可使块模型绕 Y、X、Z 轴进行旋转，通常可使用此功能建立与矿体产状一致的块模型（图5-4）。本实例中均设定为 0，表明不旋转。

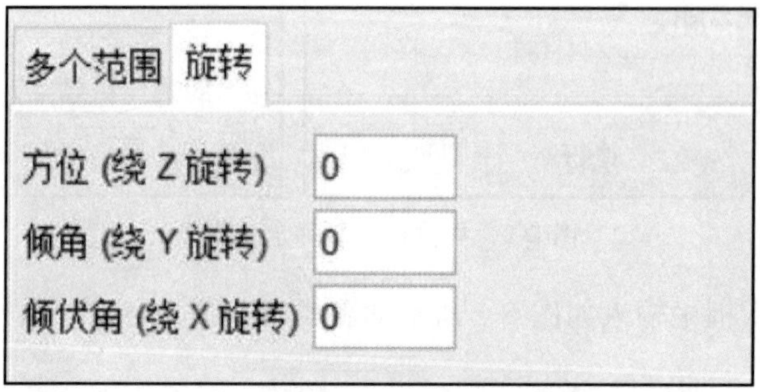

图 5-4　旋转方式构建块体模型

用户块大小：根据矿体的形态和工程控制网度设置（图5-5），本实例中选择用户块尺寸为 10×10×5。通常在 XY 平面块尺寸一般为勘探线间距的 1/3～1/5，在 Z 方向上块尺寸一般为组合样长度的 2～3 倍或是台阶高度的 N 分之一（N 为整数）。但是块数量在块模型范围内必须是整数。

次级分块与最小块尺寸：次级分块有 4 个选项，分别为标准的、变量、自由和无。

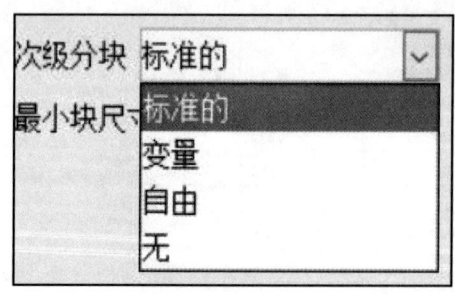

图 5-5　块体尺寸设置

当选择了标准的（图5-6），最小块尺寸可选择用户块尺寸的 1/1,1/2,1/4,……

而当选择了变量（图5-7），最小块尺寸在 Y、X、Z 方向上可以各自设置为 1/1,1/2,1/4,……

进行审计：运行"块体模型→块体模型→显示模型审核记录"功能可查看记录模型的操作、编辑和修改时间（图5-8）。

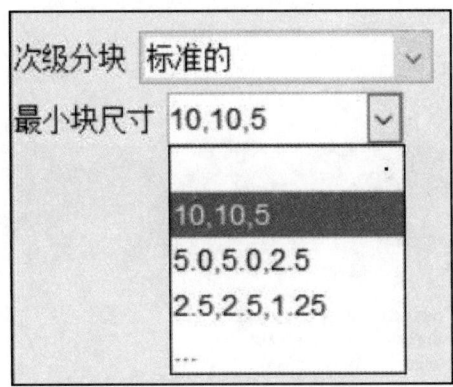

图 5-6　标准模式设置块体尺寸

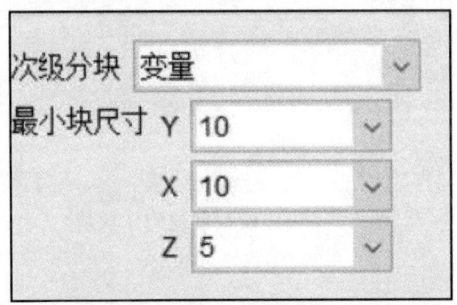

图 5-7　变量模式设置块体尺寸

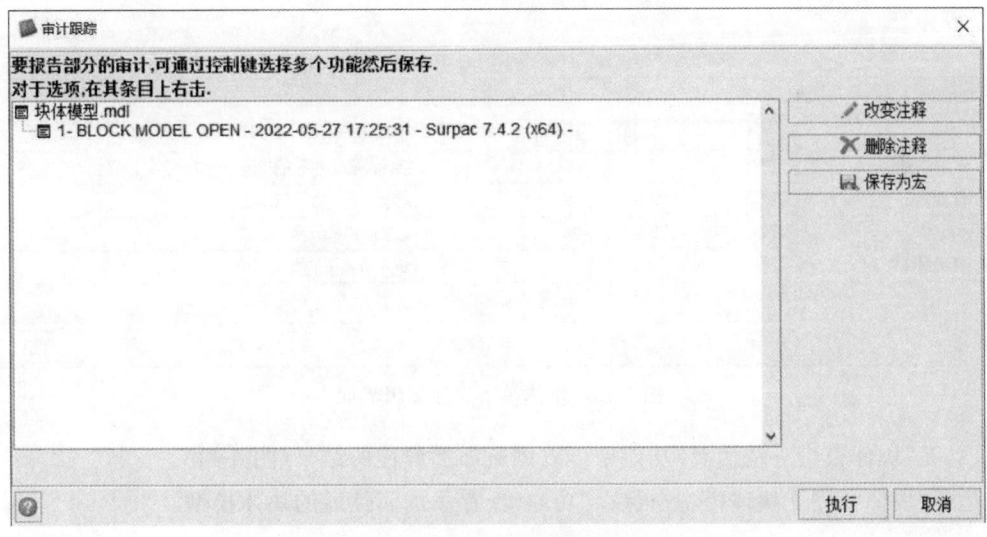

图 5-8　块体模型审计跟踪界面

(4)模型确认表,可以检查设置的模型大小、旋转等参数,如果需要更改任意参数,可以在此修改或者返回上页进行修改(图 5-9)。

(5)创建模型后,在软件下方可以看到建立的块体模型。注意此时块模型还没有保存在工作目录中,需要选择"块体模型→保存",保存刚才新建的块体模型。

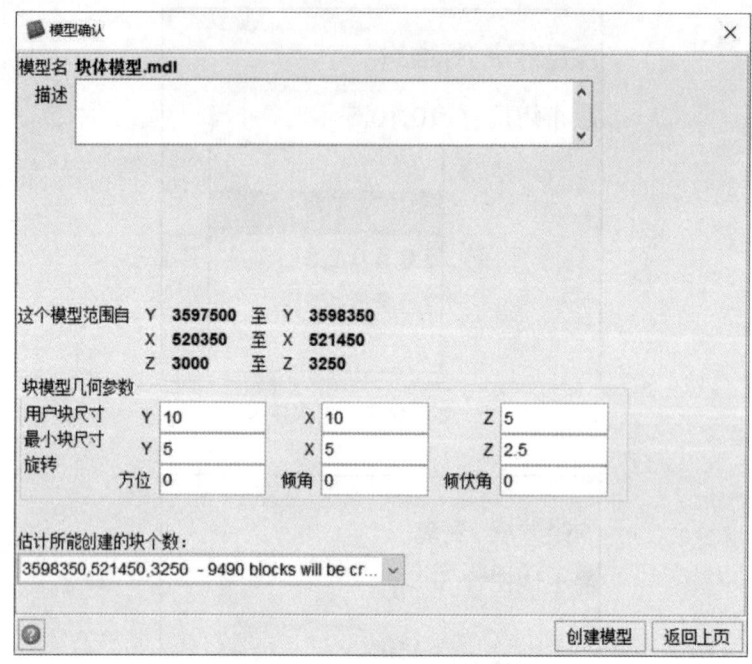

图 5-9　块体模型创建确认模块

2. 增加块体模型属性

(1)打开"块体模型. mdl",运行"块体模型→属性→新建"功能,输入如图 5-10 所示的信息。

	属性名	类型	小数位	默认值	描述/表达式
1	矿岩类型	字符			描述矿石、岩石的类型
2	比重	实数	2	-99	记录矿石、岩石的比重
3	au	实数	3	-99	记录矿物au元素的品位
4	资源量类别	字符			记录资源量的类别

图 5-10　块体模型属性编辑界面

(2)在"块体模型→块摘要"功能中可以浏览添加属性的结果(图 5-11)。

运行"块体模型→块体模型→保存"功能,保存添加属性后的块体模型。

3. 建立块模型约束

Surpac 块模型的约束是空间操作的逻辑组合,通过逻辑条件创建的约束文件,可以对块体模型的显示、报告和存储进行限制,这些约束文件创建完成后,将保存后缀为. con 的文件。约束文件可以直接调入(用鼠标选中并拖动至图形窗口)来约束块体模型文件。

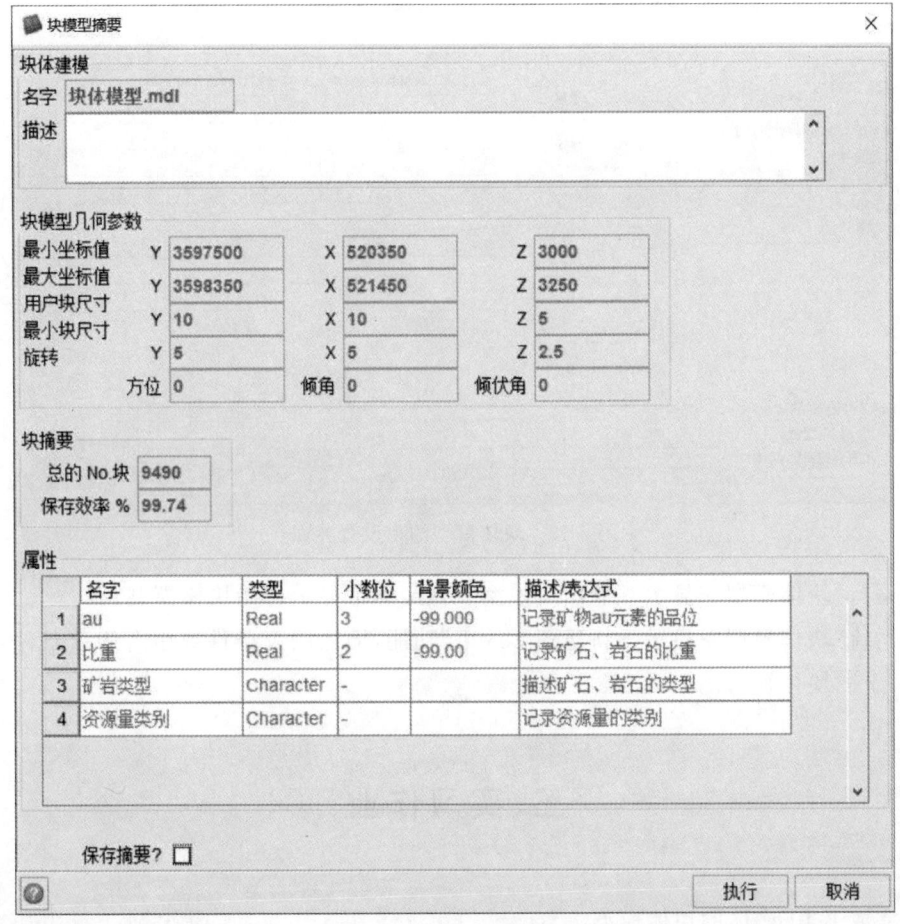

图 5-11　块体模型信息界面

打开"块体模型.mdl",运行"块体模型→约束→新建约束文件"功能,输入如图 5-12 中所示的信息。

约束名称:自动根据约束条件的数目从 a、b、c、……、z 进行增加,表明约束条目。

约束类型:"约束"为约束文件本身,"3DM"为建立的实体模型,"块"为块模型,"DTM"为表面模型,"平面"为空间平面,"线"为线文件,"X 平面"为东坐标,"Y 平面"为北坐标和"Z 平面"为空间标高。

根据选择不同的约束类型,将定义不同的文件或平面。每一个约束类型需要添加在"约束值"栏中。可选的空间操作有:内部、向上、大于、小于等。

保存约束到:根据添加的约束条件,保存在约束文件中。

4. 块体模型显示

块体模型创建后,可以通过"显示"功能显示约束条件下块体模型,也可以取消约束条件恢复原来模型。

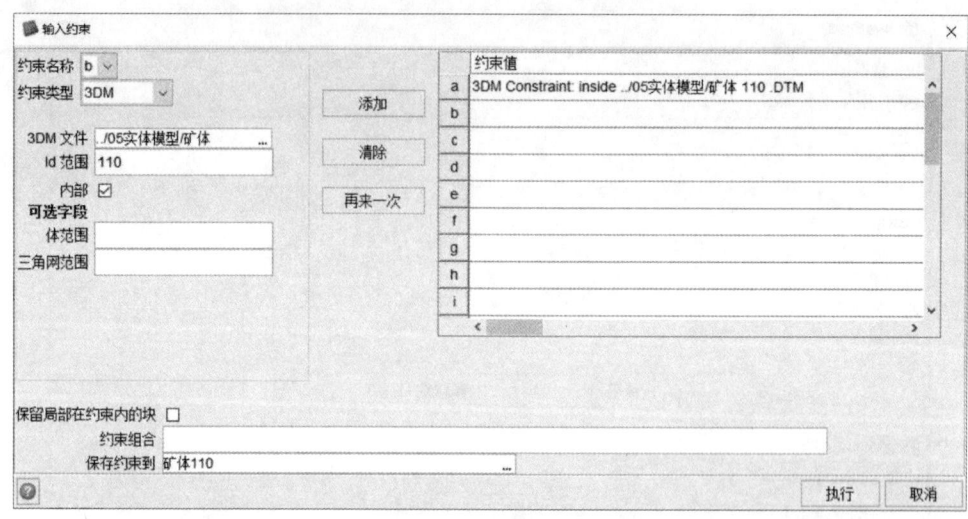

图 5-12 块体模型约束设置界面

(1)运行"块体模型→显示→显示块模型"功能,通常显示初始块体模型。

(2)运行"块体模型→显示→新建图形约束"功能,输入约束条件或组合约束条件,可实现约束条件下的块体模型。

三、实习作业

(1)完成 KT1 矿体的块体模型。

(2)利用约束条件选择性显示 KT1 矿体内的块体。

四、实习拓展

利用约束条件选择性显示 KT1 矿体内无矿夹石内的块体。

实习六　块体模型赋值

一、实习要求

(一)目的要求

(1)掌握块体模型属性赋值方法。
(2)掌握距离幂次反比法原理及使用条件。
(3)掌握距离幂次反比法对块体模型进行估值。

(二)实习资料

(1)样品组合文件。
(2)地表、矿体实体模型。
(3)块体模型。

二、实习内容

1. 直接赋值法

通过直接赋值法给块体模型中矿岩类型与比重等属性赋值。将地表以上部分的块定义为空气并将比重值赋为0,地表下部与矿体外部的块定义为围岩并将比重值赋为2.6,矿体内部的块定义为矿石并将比重值赋为2.8,其操作过程如下:

(1)打开文件"块体模型.mdl",运行"块体模型→估值→赋值"功能,输入矿岩类型及其比重等信息(图6-1)。

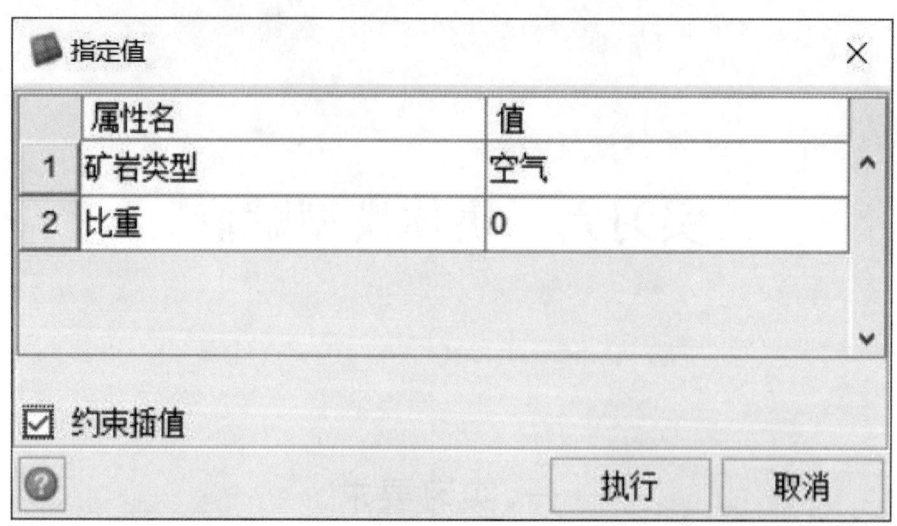

图 6-1 增加空气及比重属性

注意:一定要勾选约束插值,这样会弹出约束窗口用以限制要赋值的块,如果没有勾选将对所有块进行赋值。

(2)在弹出的约束窗口中输入地表以上块体约束条件(图 6-2)。

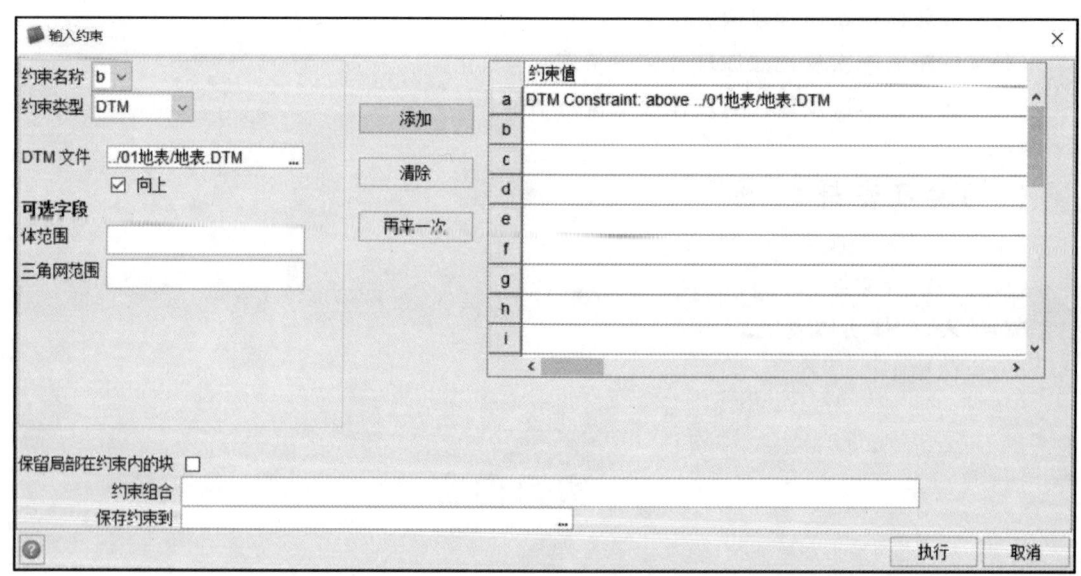

图 6-2 空气约束条件编辑界面

(3)在赋值完成后,Surpac 软件会弹出信息,提示覆盖并保存模型。

(4)用同样的方法赋围岩、矿石的信息给块体模型,运行"块体模型→估值→赋值"功能,输入围岩、矿石及其比重等信息(图 6-1)。

(5)在弹出的约束窗口中输入对应约束条件,分别为地表以下、矿体以外部分的块体给围岩、矿体内的块体约束条件给矿石。

(6)覆盖保存块体模型,至此块体模型中的空气、矿石、围岩及其比重信息都已经赋值完成。

2. 距离幂次反比法估值

1)矿体第一次估值

对矿体内品位估值时候通常使用距离幂次反比法与普通克里格法,而距离幂次反比法是最常用的空间内插方法之一,利用已知邻近值的距离指数幂次成反比的关系来估算未知块体的值。本实例以距离幂次反比法对 KT1 矿体进行品位估值,使用的数据源为样品组合数据。

(1)打开文件"块体模型.mdl",运行"块体模型→估值→距离幂次反比法"功能。输入如图 6-3 所示的信息。

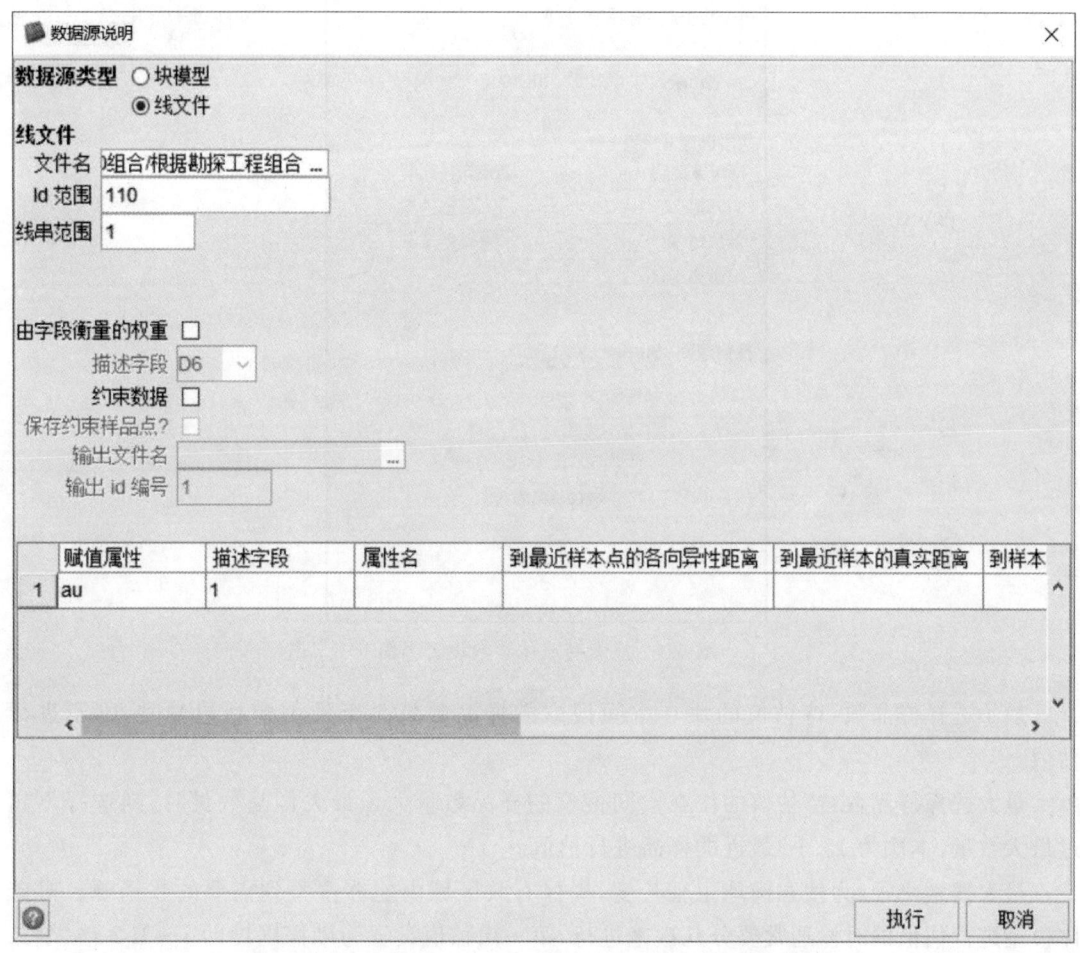

图 6-3 距离幂次反比法估值数据文件输入及参数设置界面

(2)执行后在弹出的对话框中输入如图 6-4 所示的信息,点击"执行"。

参数说明如下。

搜索类型:椭球体搜索数据或八分圆数据约束,通常选择椭球体搜索。

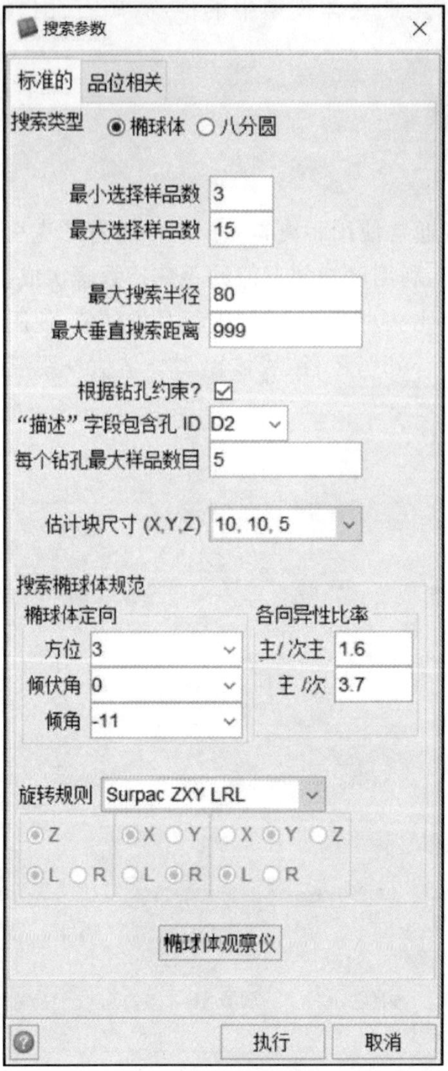

图 6-4 搜索椭球体参数设置界面

最小选择样品数：待估值的块在空间搜索的样品数量小于最小样品数量时，则不进行估值。

最大选择样品数：待估值的块在空间搜索的样品数量大于最大样品数量时，则选择不超过最大数量（本次为 15 个）最近的样品进行估值。

最大搜索半径：为搜索椭球主轴长度，确保有效区域内能够搜索到需要的数据源。对矿体模型进行估值的时候通常要分几次来进行，第一次估值设置为勘探网度的 1～1.2 倍，第二次估值设置为勘探网度的 2～2.4 倍，第三次估值则将条件放到最宽，通常填入 999。

最大垂直搜索距离：指当样品垂直距离超过此处设置的值时，将不参与估值。

根据钻孔约束：限制从单个工程中选取的样品数量。

椭球体定向：选择椭球体的形态参数，通常为矿体的产状。

各向异性比率:定义椭球体的主次轴的搜索比例,在距离幂次反比法估值中输入经验参数"主轴/次主轴"为1.6,"主轴/次轴"为3.7即可。

椭球体观察仪:可观察搜索椭球体形状并修改参数。

(3)执行后弹出距离反比参数窗口,输入如图6-5所示的信息。

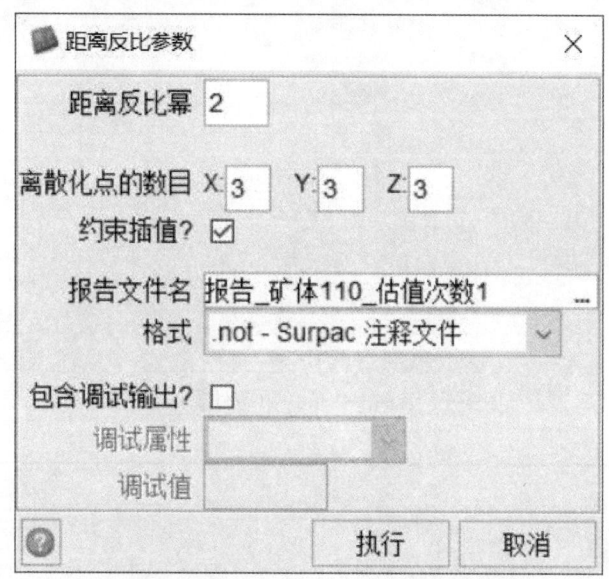

图6-5 距离幂次反比法参数设置界面

参数说明如下。

距离反比幂次:任意整数次,但一般选择"1、2或3",通常选择"2"即为"距离平方反比法"。

离散化点的数目:如果这些字段都是3,待估值的块将会分成27(3×3×3)个小的次级块,对每个次级块进行估值,再将估值结果的平均值赋给待估值的块,这样会明显增加处理时间。

约束插值:为估值添加约束条件。

报告文件名:完成赋值后,会将相关的估值参数以文本报告形式保存在工作目录中。

(4)在弹出的约束窗口中输入如图6-6所示信息,第一次估值约束条件为矿体内部所有的块,并点击"执行"完成第一次估值。

2)KT1矿体第二次估值

(1)打开文件"块体模型.mdl",运行"块体模型→估值→距离幂次反比法"功能。输入如图6-7所示的信息。

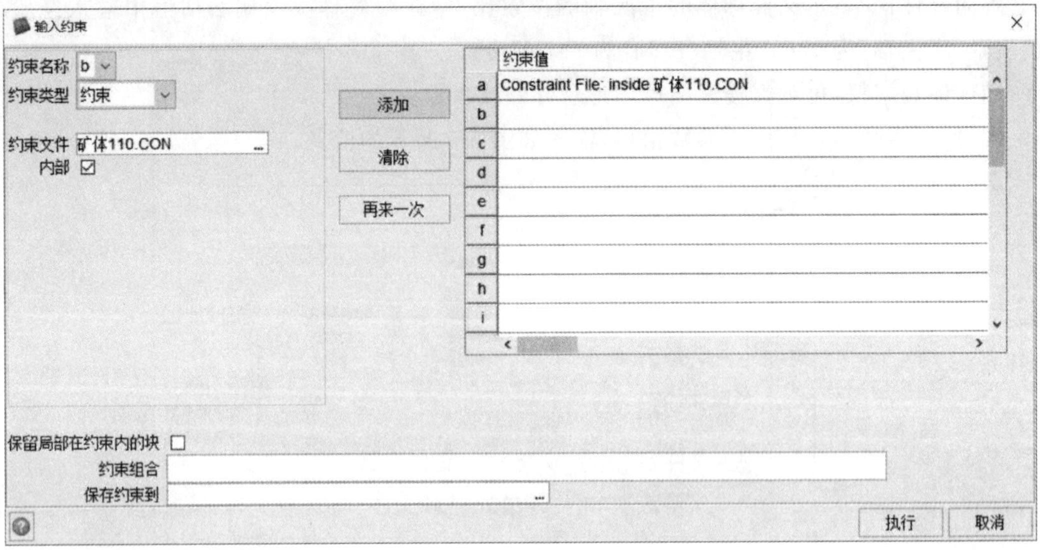

图 6-6　第一次估值约束条件输入界面

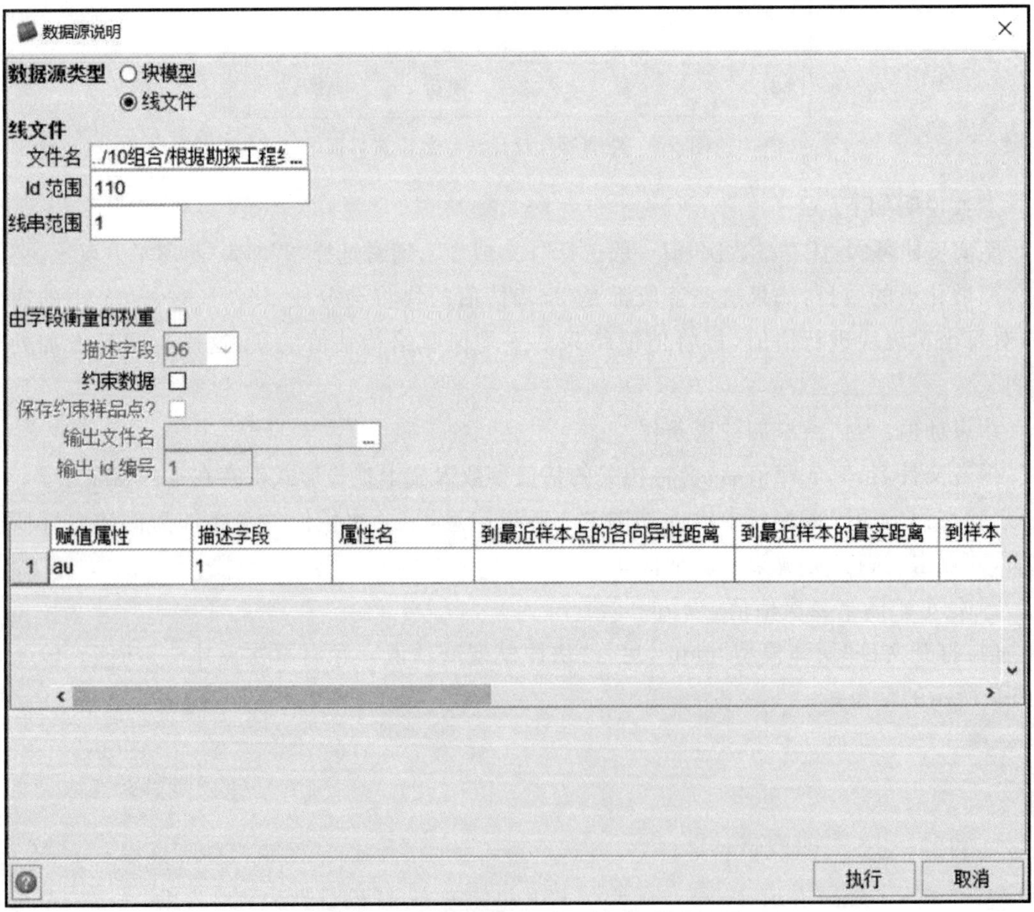

图 6-7　第二次估值数据文件输入及参数设置界面

(2)执行后在弹出的对话框中输入如图 6-8 所示的信息,第二次估值将最大搜索半径设置为 160,点击"执行"。

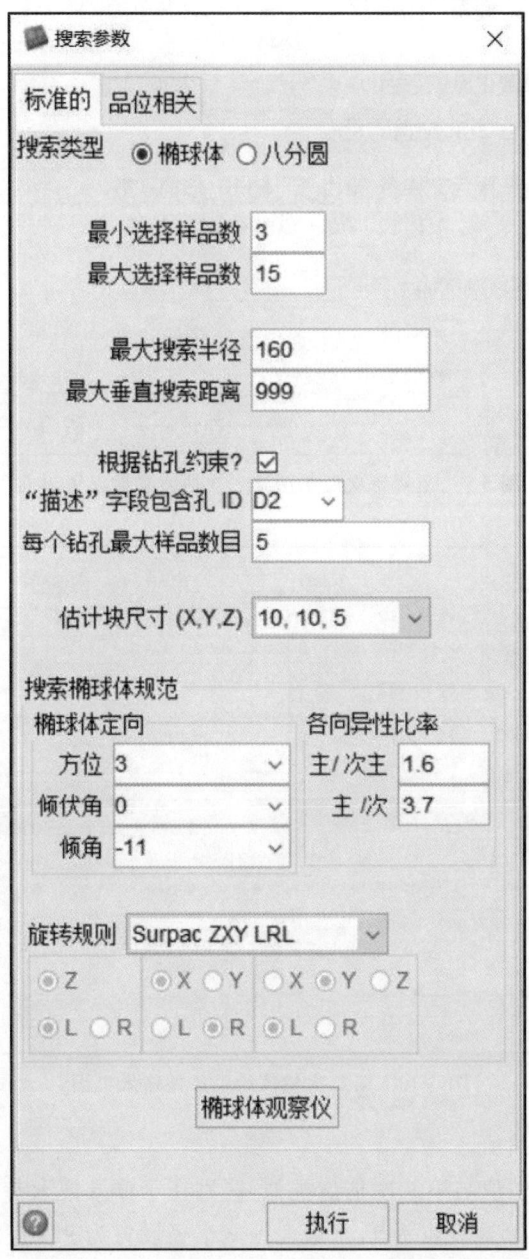

图 6-8　搜索椭球体第二次估值参数设置界面

(3)执行后弹出距离反比参数窗口,输入如图 6-9 所示的信息。
(4)在弹出的约束窗口中输入如图 6-10 所示的信息,第二次估值约束条件为矿体内部金品位小于 0 的块(矿体内没有估值的块)。点击"执行"完成第二次估值。

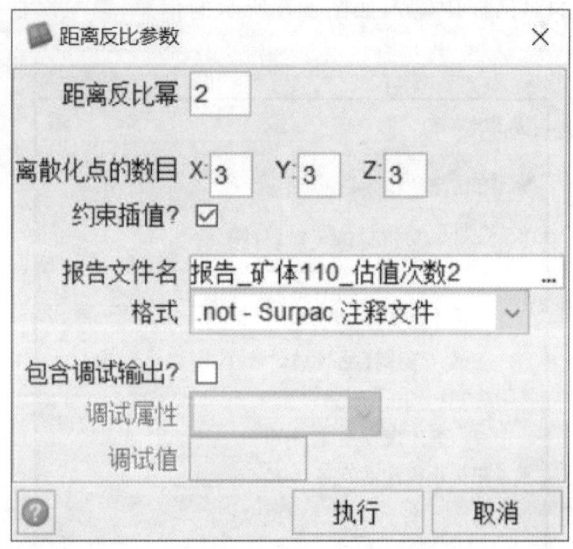

图 6-9　距离幂次反比法第二次估值参数设置界面

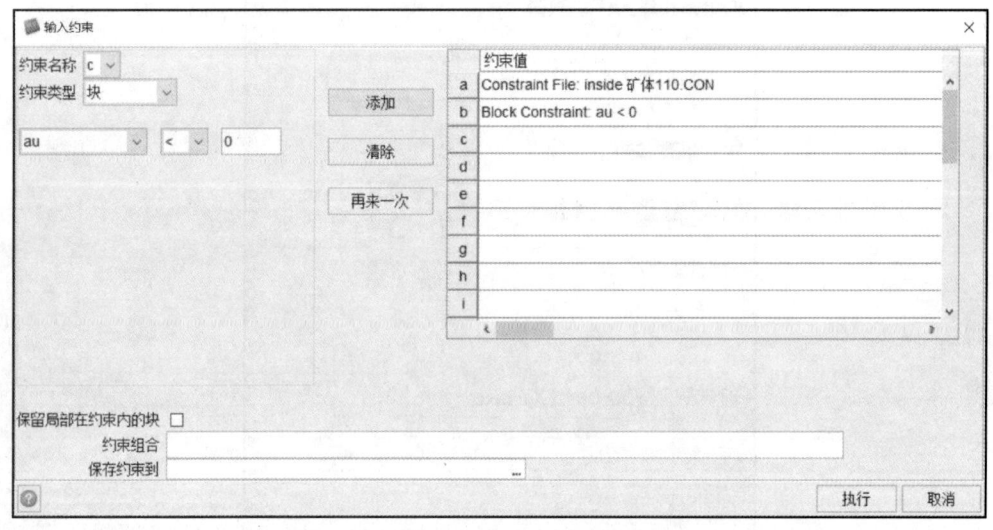

图 6-10　第二次估值约束条件输入界面

3) KT1 矿体第三次估值

KT1 矿体的第三次估值与第二次估值类似，区别在于输入搜索参数时将搜索的要求降到最低，通常将最小选择样品数设置为 1，将最大搜索半径设置为 999。

4) 判断 KT1 矿体内块是否完成估值

在图形工作区新建一个图形约束，约束的条件为"au<0"，如果还有块显示，表明该块仍没有被估到，则需要进行第四次估值。

5) 根据金品位为块体模型着色

(1) 打开"块体模型.mdl"文件，将"矿体 110.con"文件拖入到图形工作区内，显示矿体内的块模型。

(2)运行"块体模型→显示→根据属性为模型着色"功能,着色根据属性选择"au",即根据金品位分布显示不同颜色,点击"扫描",在对话框右侧可显示出属性值对应的显示颜色(图6-11)。

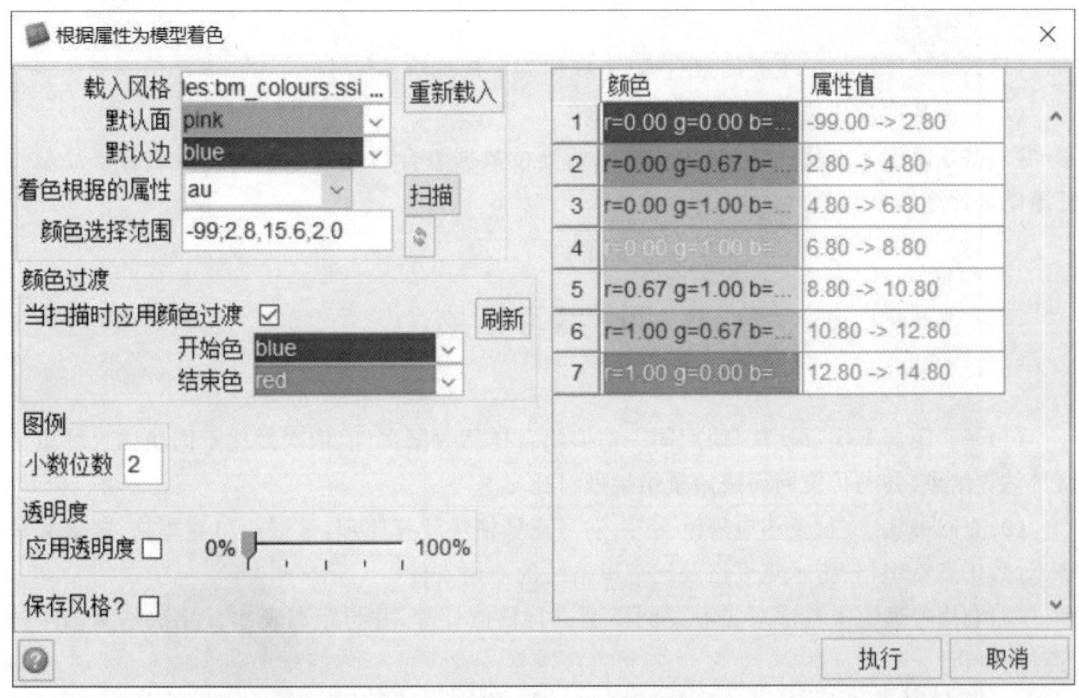

图6-11 块体模型显示着色设置界面

(3)将颜色选择范围修改为-99;0;1;3;5;8;10;999,然后点击"刷新"按钮,此时可见右侧的属性值对应颜色发生了变化。

(4)执行后可得到着色的块模型,可以运行"查看→面浏览选项→隐藏三角形边"功能来隐藏块模型的边(图6-12)。

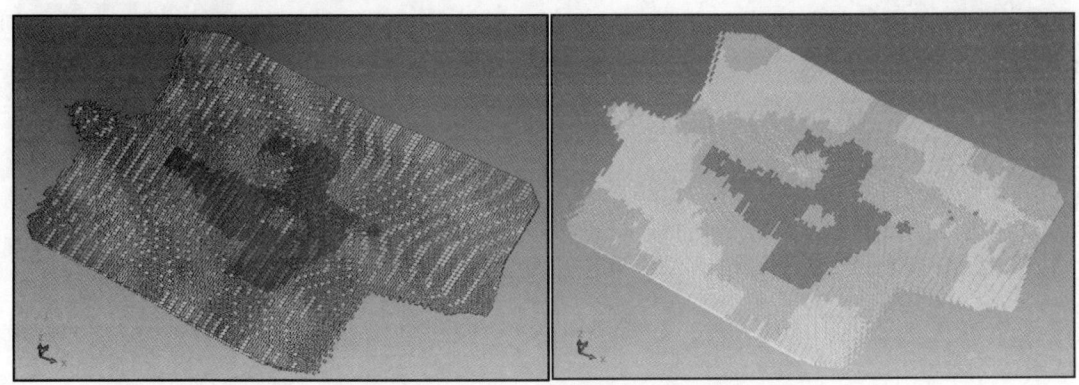

图6-12 块体模型不同显示设置结果对比

三、实习作业

(1)影响块体尺寸的主要因素有哪些,如何确定最优块体尺寸?

(2)距离幂次反比法的使用条件是什么?

(3)基于距离幂次反比法,对比分析原始品位数据组合与特高品位处理后组合样品数据资源储量计算结果的差异。

四、实习拓展

(1)基于距离幂次反比法,使用同一估值组合样品数据文件,依次对比不同块体尺寸资源储量估算结果,并与传统断面法储量结果做对比?

(2)查阅书籍、文献及相应规范文件,学习克里格法计算原理,掌握简单克里格、普通克里格、对数正态克里格、指示克里格及泛克里格法的使用条件。

(3)利用普通克里格法对实习案例模型进行估值计算,并与距离幂次反比法估算结果进行对比分析。

实习七　资源储量报告

一、实习要求

(一)目的要求

(1)熟悉资源储量分类的规范要求。
(2)学会利用 Surpac 软件进行资源储量类别划分。
(3)掌握资源储量计算方式及报告输出。

(二)实习资料

(1)已估值的块体模型。
(2)钻孔数据库。

二、实习内容

该实习分两个层次开展：①资源储量类别划分；②储量报告输出。具体内容与操作如下。

1. 资源储量类别划分

1)提取 KT1 矿体内见矿中心点
(1)运行"数据库→数据提取→地质表数据"功能,在弹出的对话框中按图 7-1 输入信息。
(2)在弹出的窗口中输入地质带的标识值"KT1 矿体"(图 7-2)。
(3)选择提取钻孔与矿体相交表,后续的提取组合与约束不需要定义,生成线文件"见矿中心点 110.str"。

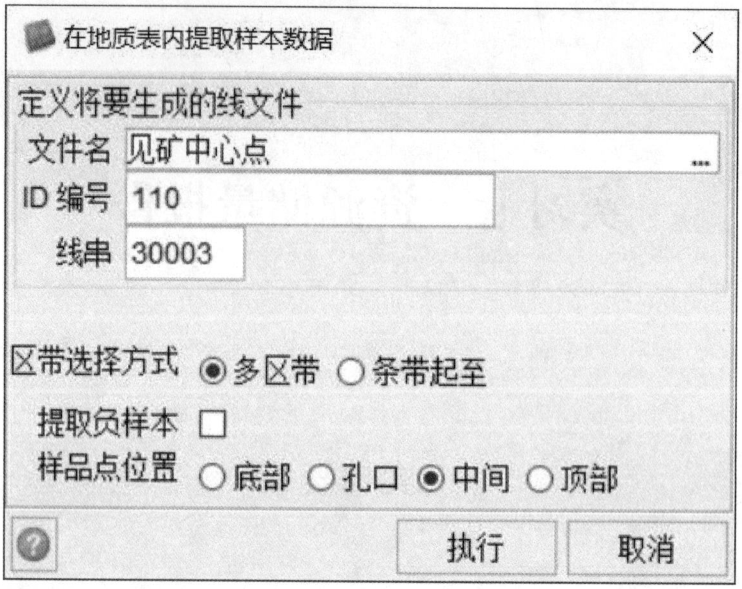

图 7-1 提取地质数据表中见矿中心点

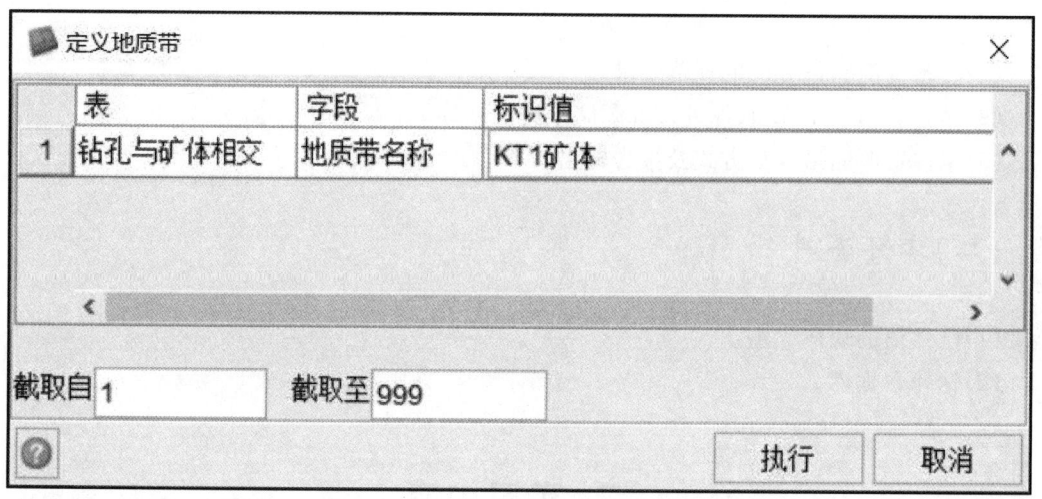

图 7-2 输入钻孔与矿体相交表标识值

2)绘制资源储量类别边界线

按照储量划分最新规范,80m×80m 的区域为探明资源量,160m×160m 区域为控制资源量,其余部分为推断资源量。

(1)打开"见矿中心点 110.str"文件,新建图层"资源储量类别分界线 110"用于绘制边界线(图 7-3)。

(2)点捕捉模式下在图形工作区中绘制边界线,捕捉见矿点绘制。探明资源量区域边界线用 1 号线绘制,控制资源量区域边界线用 2 号线绘制(图 7-4)。

(3)保存线文件"资源储量类别分界线 110.str",用于后续对块体模型的赋值。

图 7-3 KT1 矿体内见矿中心点

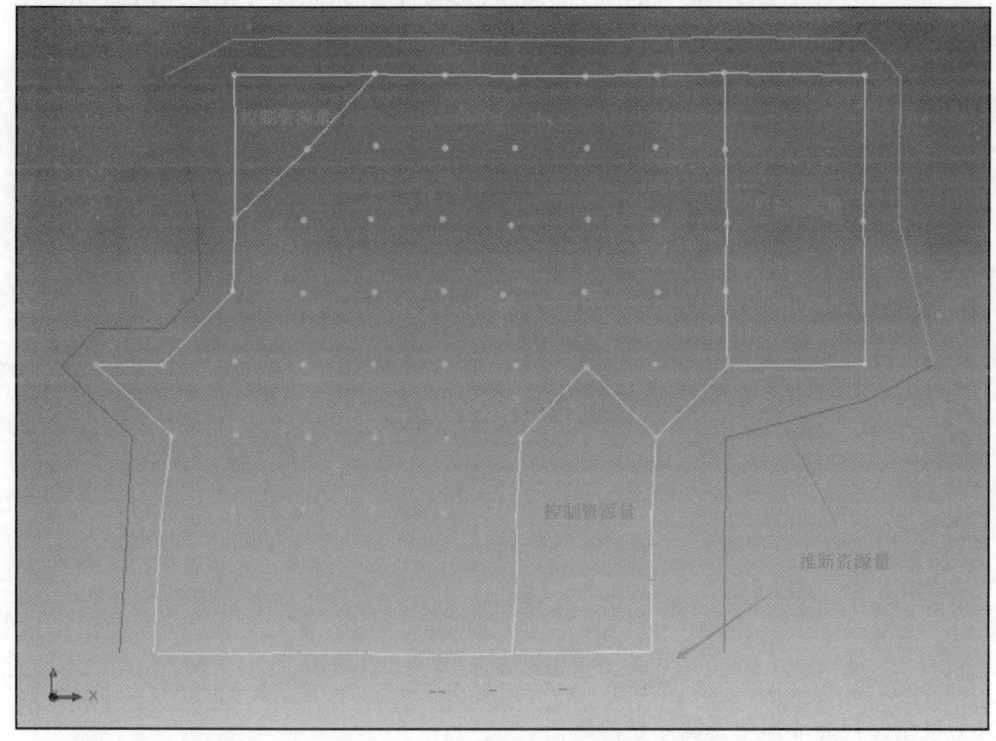

图 7-4 不同级别储量界线

3) 赋资源储量类别

根据上述资源储量类别划分要求,将探明资源量赋值为 TM,控制资源量赋值为 KZ,推断资源量赋值为 TD。

(1) 打开文件"块体模型.mdl",运行"块体模型→估值→赋值"功能对探明资源量进行赋值,输入如图 7-5 所示信息。

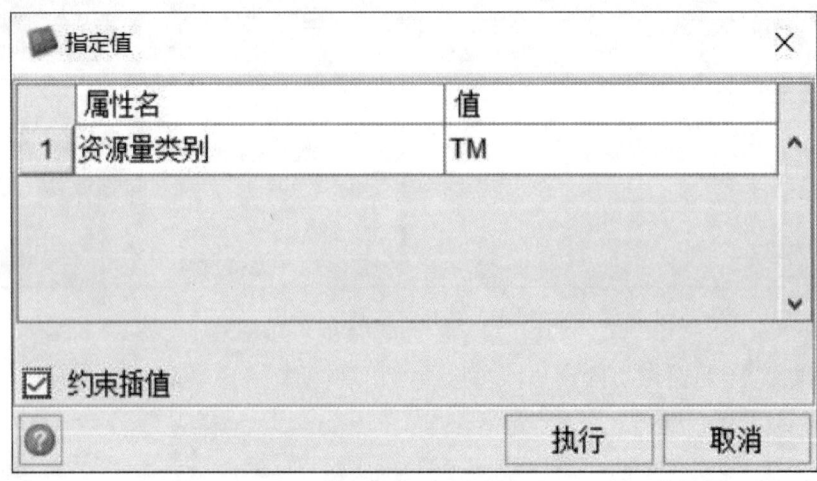

图 7-5　增加探明资源储量属性

(2) 在弹出的约束窗口中输入如图 7-6 所示信息。该约束条件为在矿体内部,并且在"资源量类别边界线 110.str"文件中的 1 号线内部。

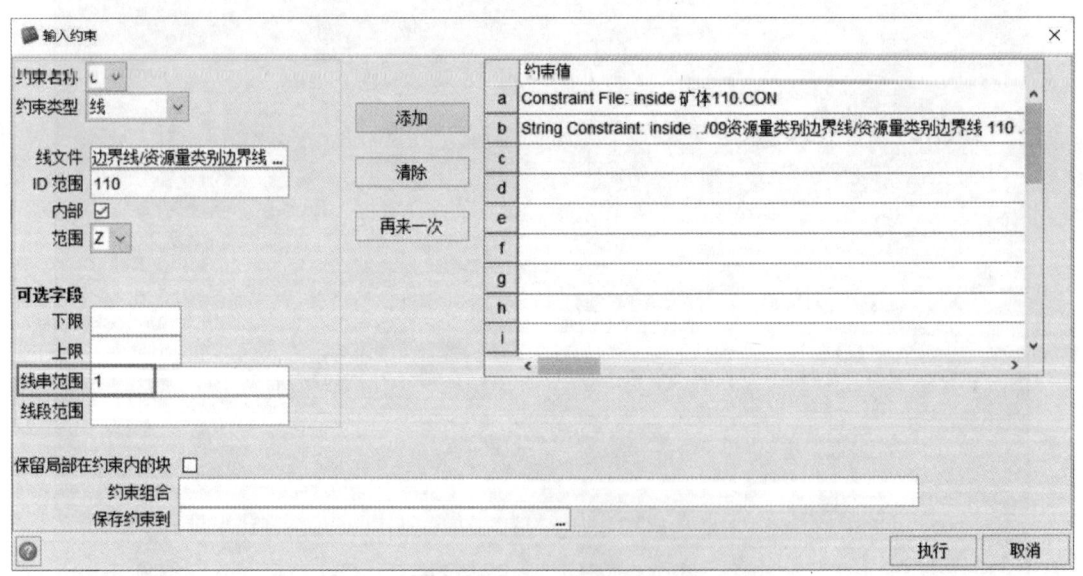

图 7-6　探明资源储量边界内块体赋值

(3) 覆盖保存完成探明资源储量的赋值。

(4) 用同样的方法对控制资源储量进行赋值,运行"块体模型→估值→赋值"功能,输入如

图 7-7 所示信息。

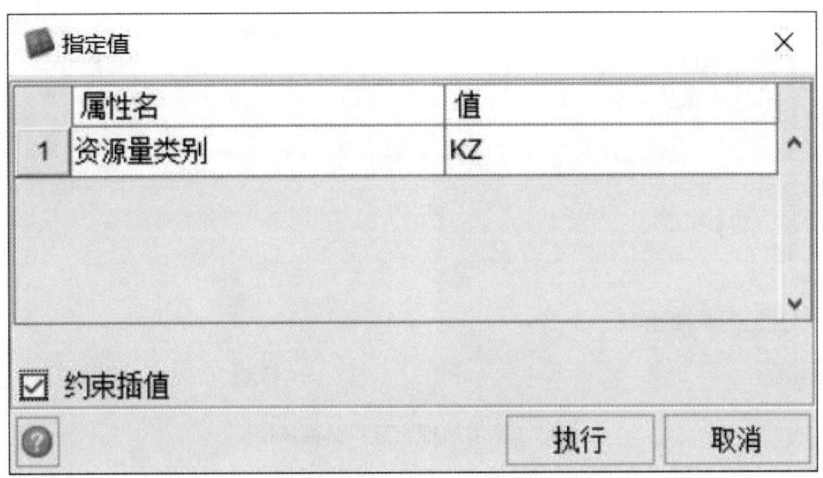

图 7-7 增加控制资源量属性

(5) 在弹出的约束窗口中输入如图 7-8 所示信息。该约束条件为在矿体内部,并且在"资源量类别边界线 110.str"文件中的 2 号线内部。

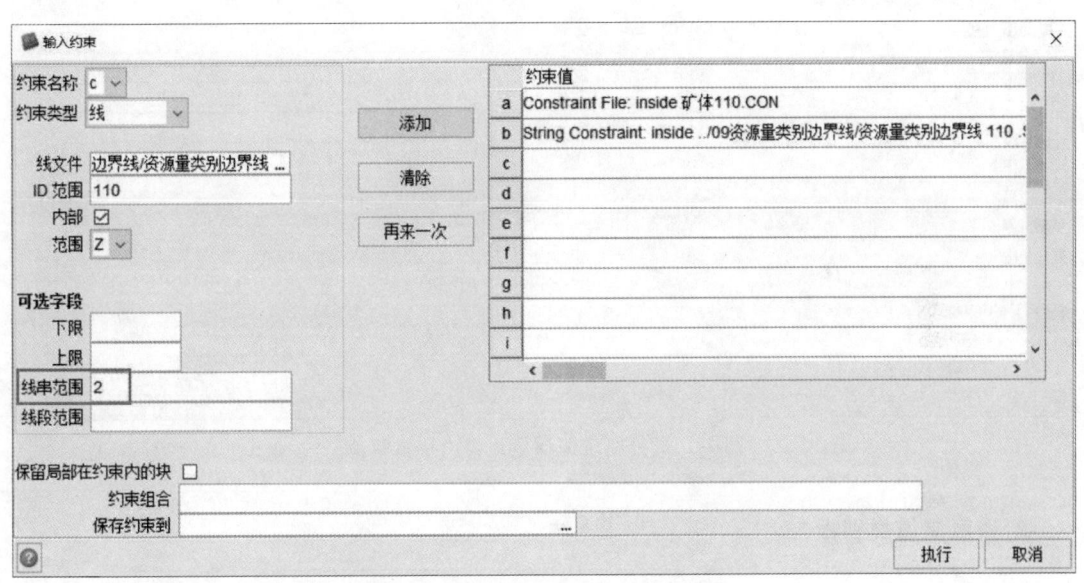

图 7-8 控制资源量边界内块体赋值

(6) 覆盖保存完成控制资源量的赋值。

(7) 用同样的方法对推断资源量进行赋值,运行"块体模型→估值→赋值"功能,输入如图 7-9 所示信息。

(8) 在弹出的约束窗口中输入如图 7-10 所示信息。该约束条件为在矿体内部,并且在"资源量类别边界线 110.str"文件中的 1 号线、2 号线外部。

(9) 覆盖保存块模型,至此块体模型中资源量类别信息赋值完成。

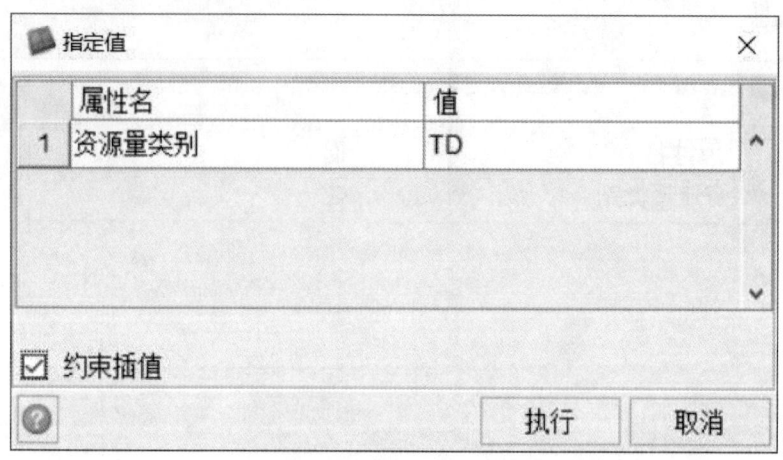

图 7-9 增加推断资源储量属性

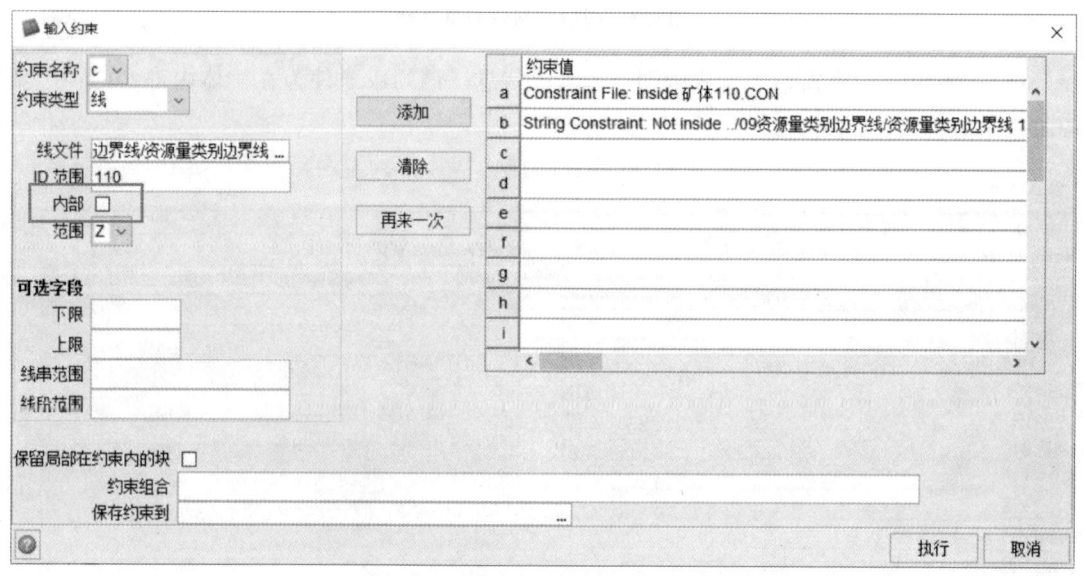

图 7-10 推断资源储量边界内块体赋值

2. 资源储量类别报告

(1)打开"块体模型.mdl"文件,运行"块体模型→报告"功能,输入如图 7-11 所示的信息,点击"执行"。

(2)按照如图 7-12 所示信息输入,当选择了字符型的资源储量类别字段,就不需要填写数据范围,Surpac 软件会自动搜索块模型中的所有数值。

(3)勾选"报告这个属性的所有值",如果不勾选可在下方选择需要报告的值(图 7-13)。

(4)在弹出的约束窗口内,输入如图 7-14 所示的信息。

(5)"执行"后得到"资源储量类别报告 110.csv"文件,查看该文件将显示如图 7-15 所示的结果。

实习七　资源储量报告

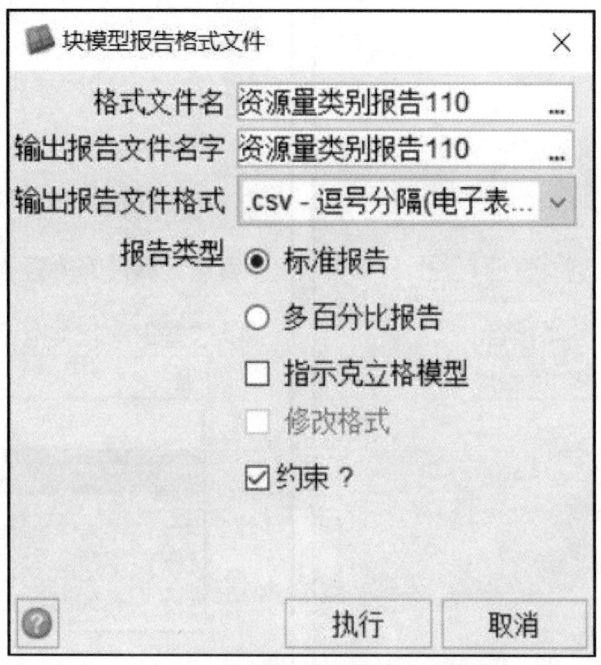

图 7-11　定义块模型报告格式及文件名

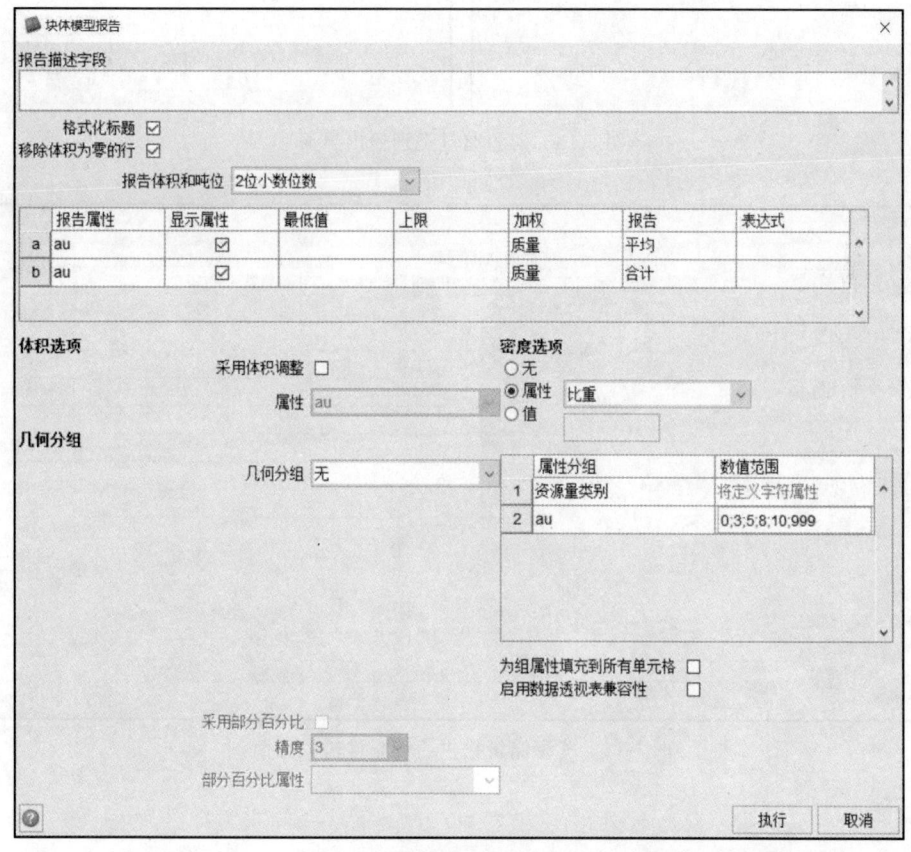

图 7-12　储量控制参数输入界面

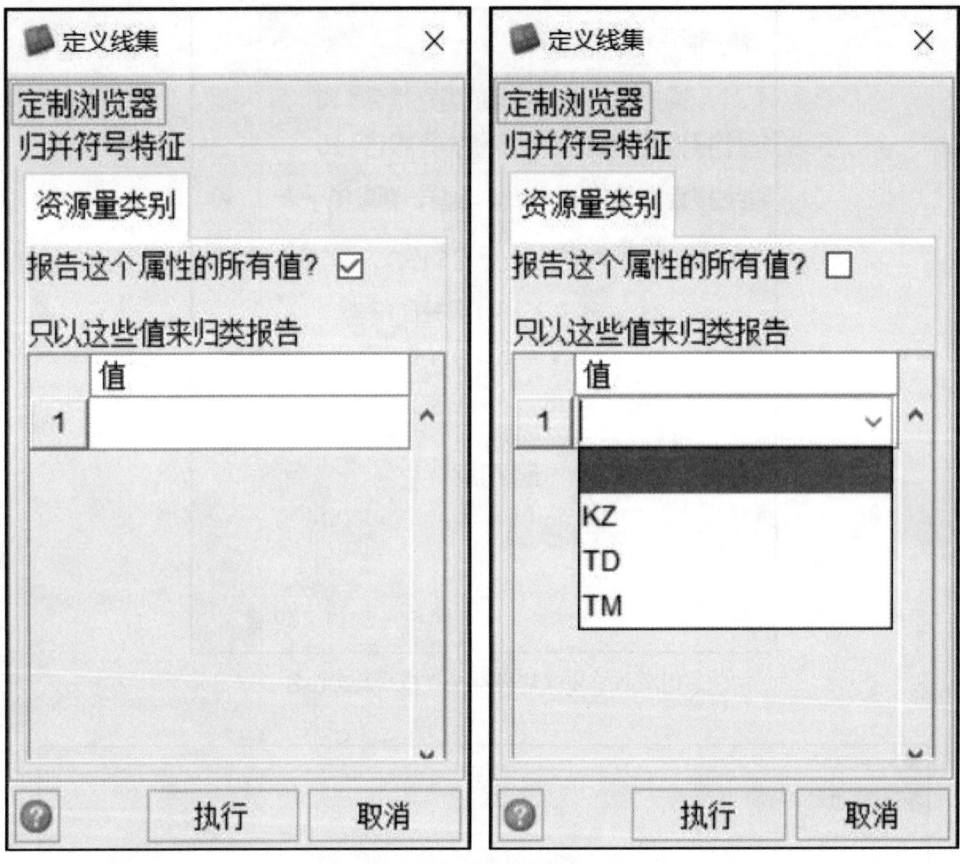

图 7-13 资源储量类别输出界面

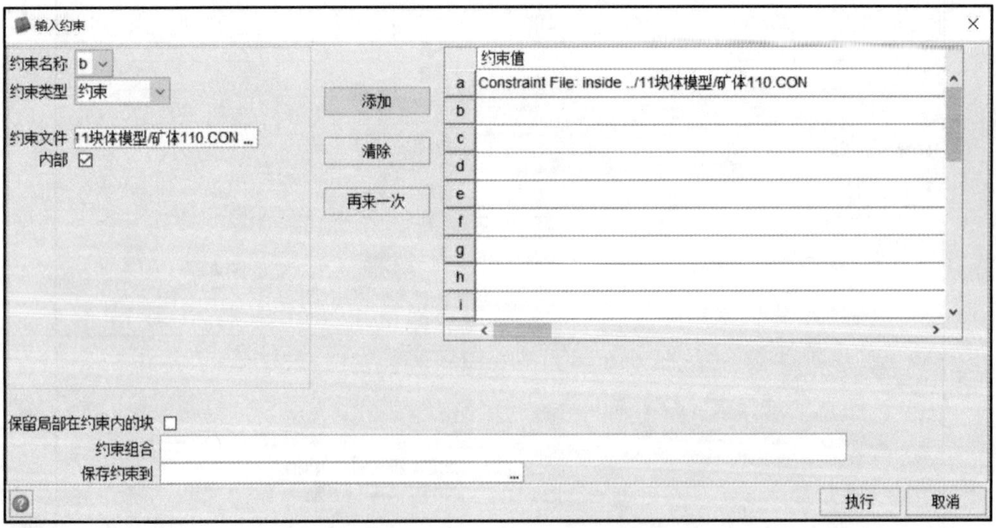

图 7-14 资源储量报告约束条件输入界面

资源量类别	Au	体积	吨位	Au	Au
KZ	0.0 -> 3.0	1562.5	4375	2.892	12651.942
	3.0 -> 5.0	83500	233800	3.997	934489.936
	5.0 -> 8.0	460188	1288525	6.718	8656269.48
	8.0 -> 10.0	349250	977900	8.913	8716193.87
	10.0 -> 999.0	229750	643300	11.418	7345290.5
小计		1124250	3147900	8.153	25664895.7
TD	0.0 -> 3.0	750	2100	2.959	6214.651
	3.0 -> 5.0	167875	470050	4.074	1915194.57
	5.0 -> 8.0	550688	1541925	6.627	10218383.2
	8.0 -> 10.0	230063	644175	8.788	5661035.32
	10.0 -> 999.0	2750	7700	10.107	77820.512
小计		952125	2665950	6.706	17878648.3
TM	3.0 -> 5.0	68875	192850	4.598	886732.938
	5.0 -> 8.0	1104000	3091200	6.844	21156989.4
	8.0 -> 10.0	1789250	5009900	9.067	45423333.7
	10.0 -> 999.0	1245500	3487400	10.917	38070483.3
小计		4207625	1.2E+07	8.958	105537539
总计		6284000	1.8E+07	8.473	149081083

图 7-15 KT1 矿体储量输出结果

三、实习作业

（1）查阅《固体矿产资源储量类别》(GB/T 17766—2020)、《固体矿产地质勘查规范总则》(GB/T 13908—2020)、《固体矿产资源量估算规程 第一部分：通则》(DZ/T 0338.1—2020)、《固体矿产资源量估算规程 第三部分：地质统计学》(DZ/T 0338.3—2020)，掌握地质统计学资源储量估算的规范要求。

（2）按国内块段法的储量分类方案进行分类，并给出储量报告。

（3）利用约束条件，并按标高和品位区间给出各个矿体的储量报告。